黑龙江省精品图书出版工程专项资金资助

中国

经济
树木

（3）

主 编 · 王志刚 纪殿荣 冯天杰

东北林業大学出版社
Northeast Forestry University Press

·哈尔滨·

图书在版编目（CIP）数据

中国经济树木.3 / 王志刚，纪殿荣，冯天杰主编. — 哈尔滨：
东北林业大学出版社，2015.12

ISBN 978-7-5674-0692-6

Ⅰ. ①中… Ⅱ. ①王… ②纪… ③冯… Ⅲ. ①经济植物—树种—
中国—图谱 Ⅳ. ①S79-64

中国版本图书馆CIP数据核字(2015)第316172号

责任编辑：戴　千　刘剑秋

责任校对：姚大彬

技术编辑：乔鑫鑫

封面设计：乔鑫鑫

出版发行　东北林业大学出版社

　　　　　（哈尔滨市香坊区哈平六道街6号　邮编：150040）

印　　装：哈尔滨市石桥印务有限公司

开　　本：889mm×1194mm　1/16

印　　张：14

字　　数：162千字

版　　次：2017年1月第1版

印　　次：2017年1月第1次印刷

定　　价：280.00元

苏铁科
CYCADACEAE

篦齿苏铁

Cycas pectinata Griff.

苏铁科苏铁属常绿木本植物，树木圆柱形，高达3m。羽叶长1.5～2.2m，羽片条形或披针形，厚革质，坚硬，长15～25cm，宽6～8mm，边缘稍反曲，基部两侧不对称，下延，两面光亮无毛，叶脉两面隆起，表面叶脉中央有1凹槽；叶柄短，有疏刺。雄球花圆锥状圆柱形；大孢子叶密被褐黄色绒毛，胚珠2～4，生于大孢子叶柄上部两侧。种子卵圆形或椭圆状倒卵圆形，熟时红褐色。

产于云南西双版纳，云南、四川、广东、广西等地有栽培；生于低、中山次生杂木林或竹林下。喜高温多湿气候，生长缓慢。被列为国家二级保护植物。

本种树形优美，叶色浓绿，为庭院观赏树种；茎内淀粉及种子可食；叶、种子可入药。

孤植景观

树 形

丛植景观

叶 片

桫椤科
CYATHEACEAE

桫椤

Alsophila spinulosa
(Wall. ex Hook.) Tryon

　　桫椤科桫椤属植物，为大型乔木状陆生蕨，高达 6 m，胸径达 20 cm，主干黑褐色，密生气生根。叶顶生，叶柄和叶轴粗壮，深棕色，有密刺；叶片大，纸质，长达 2 m，三回羽状深裂，羽片矩圆形，长 30～50 cm。孢子囊群近中肋着生，囊群盖近圆形，膜质，外侧开裂，易破，成熟时反折覆盖于中肋上面。

　　产于云南西部和东北部、四川南部、贵州西北部和南部、广东、广西、福建南部和台湾；生于海拔 1000 m 以下地带，在溪沟边常形成小片桫椤林，或单株散生于阴湿的密林下。野生植株稀少，被列为国家一级保护植物。

　　本种树形美观别致，是著名的大型阴性观赏植物；木材耐腐性强，可作为防腐材料；髓心可入药。

树 形

目 录 CONTENTS

前 言 PREFACE

我国疆域辽阔，地形复杂，气候多样，森林树木种类繁多。据统计，我国有乔木树种2000余种，灌木树种6000余种，还有很多引种栽培的优良树种。这些丰富的树木资源，为发展我国林果业、园林及其他绿色产业提供了坚实的物质基础，更在绿化国土、改善生态环境方面发挥着不可代替的作用。

由于教学和科学研究工作的需要，编者自20世纪80年代初开始，经过30余年的不懈努力，深入全国各地，跋山涉水，对众多的森林植被和树木资源进行了较为系统的调查研究，并实地拍摄了数万幅珍贵图片，为植物学、树木学的教学、科研提供了翔实、可靠的资料。为了让更多的高校师生及科技工作者共享这些成果，我们经过认真鉴定，精选出我国具有重点保护和开发利用价值的经济树木资源，编撰成了"中国经济树木"大型系列丛书，以飨读者。

本套丛书以彩色图片为主，文字为辅；通过全新的视角、精美的图片，直观、形象地展现了每个树种的树形、营养枝条、生殖枝条、自然景观、造景应用等；还对每个树种的中文名、拉丁学名、别名、科属、形态特征、生态习性和主要用途等进行了扼要描述。

本套丛书具有严谨的科学性、较高的艺术性、极强的实用性和可读性，是一部农林高等院校师生、科研及生产开发部门的广大科技工作者和从业人员鉴别树木资源的大型工具书。

本套丛书的特色和创新体现在图文并茂上。过去出版的图鉴类书的插图多是白描墨线图，且偏重于文字描述，而本套丛书则以大量精美的图片替代了繁杂的文字描述，使每种树木直观、真实地跃然纸上，让读者一目了然，这样就从过去的"读文形式"变成了"读图形式"，大大提高了图书的可读性。

本套丛书的分类系统：裸子植物部分按郑万钧系统排列，被子植物部分按恩格勒系统排列（书中部分顺序有所调整）。全书分六卷，共选取我国原产和引进栽培的经济树种120余科，1240余种（含亚种、变种、变型、栽培变种），图片4200幅左右。其中（1）、（2）卷共涉及树木近60科，380余种，图片1200幅左右；（3）、（4）卷共涉及树木近90科，420余种，图片1500幅左右；（5）、（6）卷共涉及树木80余科，440余种，图片1500幅左右。为了方便读者使用，我们还编写了中文名称索引、拉丁文名称索引及参考文献。

本套丛书在策划、调查、编撰、出版过程中得到河北农业大学、东北林业大学的领导、专家、教授的大力支持和帮助，得到了全国各地自然保护区、森林公园、植物园、树木园、公园的大力支持和协助，还得到了孟庆武、李德林、黄金祥、祁振声等专家的指导和帮助，在此，对所有关心、支持、帮助过我们的单位、专家、教授表示真诚的感谢。

限于我们的专业水平，书中不当之处在所难免，敬请读者批评指正。

编　者
2016 年 12 月

《中国经济树木（3）》

编委会

主　编：王志刚　　纪殿荣　　冯天杰

主　审：聂绍荃　　石福臣

副主编：马凤新　　吴京民　　黄大庄

参　编：孙新国　　纪惠芳　　刘冬云　　李彦慧　　路丙社

　　　　白志英　　李俊英　　史宝胜　　李永宁　　李会平

　　　　张　芹　　张晓曼　　杨文利　　佟爱民　　赵秀玲

　　　　米　丰　　李桂云　　聂江力

摄　影：纪殿荣　　黄大庄　　纪惠芳

丛植景观

雌球花枝

苏铁 *Cycas revoluta* Thunb.

　　苏铁科苏铁属常绿木本植物，高达5 m，密被宿存的叶基和叶痕。羽状叶从树干顶部生出，长0.5～2 m，基部两侧有刺；羽片在100对以上，条形，质坚硬，长达18 cm，边缘显著反卷，表面深绿色，有光泽。雄球花长圆柱形，小孢子叶木质；雌球花略呈扁球形，大孢子叶宽卵形，有羽状裂。种子卵形而微扁。花期6～8月；种子10月成熟，熟时红色。

　　产于福建、台湾、广东，各地均有栽培。喜温暖湿润气候，不耐寒，生长缓慢，寿命可达200年。北方盆栽，温室越冬。

　　本种树形古朴，为优美的观赏树种，可庭院栽培或作为盆景；根、叶、花和种子均可药用；茎内淀粉可供食用。

雄球花枝

种

树形

雌球花枝

雄球花枝

树 形

云南苏铁
Cycas siamensis Miq.

苏铁科苏铁属常绿木本植物，植株矮小，基部膨大成盘状茎，高 30 ～ 180 cm，下部间或分枝。羽状叶长 120 ～ 150 cm，羽状裂片 40 ～ 120 对，披针状条形，薄革质，边缘稍厚，微向下反卷，基部圆，两侧近对称，常不下延；叶柄长 40 ～ 100 cm，两侧具刺。雄球花卵状圆柱形或长圆形；大孢子叶上部的顶片卵状菱形，边缘篦齿状深裂。种子卵圆形或宽倒卵圆形。

产于云南西南部及南部，广西、广东有栽培；生于热带季雨林下。喜暖热湿润气候。被列为国家三级保护植物。

本种植株秀美，可供庭院绿化观赏；根、茎、叶及果实可药用；髓含淀粉可供食用；嫩叶可作为蔬菜。

雄球花枝

台湾苏铁 *Cycas taiwaniana* Carruth.

苏铁科苏铁属常绿木本植物，树干圆柱形，高 1 ～ 3.5 m，直径 20 ～ 35 cm。羽叶长约 1.8 m，羽状裂片 90 ～ 144 对，条形，薄革质，边缘不反卷，基部两侧收缩常不对称，下延，中脉在两面隆起或微隆起；叶柄两侧有刺，刺长 2 ～ 5 mm。雄球花近圆柱形或长椭圆形；大孢子叶上部的顶片斜方状圆形或宽卵形，边缘篦齿状分裂。种子椭圆形或长圆形，熟时红褐色。

产于台湾东部，台湾各地及厦门、广州、汕头等地有栽培，广东罗浮山亦有分布；生于沿河两岸的丛林中，在台东红叶村的深山峭壁处有较大面积的天然林。喜高温多湿气候。濒危 EN，被列入《中国物种红色名录》。

本种树形优美，可庭院栽培供观赏；果实和茎可药用。

树 形

叶 枝

丛植景观

雄球花序

植 株

泽米铁科 ZAMIACEAE

鳞秕泽米铁 *Zamia furfuracea* L. f.

　　泽米铁科泽米铁属常绿木本植物，高 15～30 cm；单干或罕有分枝，有时呈丛生状，粗壮，圆柱形，表面密被暗褐色成排的叶痕，在多年生的老干基部茎盘处可由不定芽萌发而长出幼小的萌蘖。叶为大型偶数羽状复叶，生于茎干顶部，长 60～120 cm；叶柄长 15～20 cm，疏生坚硬小刺；羽状小叶 7～12 对，长椭圆形，顶部钝渐尖，边缘反卷，无中脉，背面可见平行脉纹 40 条。雌雄异株；雄花序松球状；雌花序掌状。花期 6 月。

　　原产于墨西哥。我国广东、广西、云南等地有栽培。喜阳，耐旱、耐寒性强，在气温 2～3 ℃的条件下仍苍绿青翠。

　　本种株形秀美，终年青翠，可供庭园栽培观赏；为园林布局、室内厅堂陈设珍品。

列植景观

树 形

丛植景观

南洋杉科
ARAUCARIACEAE
南洋杉
Araucaria cunninghamii Sweet

　　南洋杉科南洋杉属常绿大乔木，在原产地高达 70 m，胸径 1 m 以上；树皮灰褐色或暗灰色，粗糙，横裂。幼树呈整齐的尖塔形，老树呈平顶状。大枝平展或斜展，侧枝平展或稍下垂。生于侧枝及幼枝上的叶多呈针状、锥形、镰形或三角形，质软，开展，排列疏松，长 0.7～1.7 cm；生于老枝和花枝上的叶则密集，三角状卵形或三角形，长 0.6～10 cm。雌雄异株。球果卵形，苞鳞刺状且尖头向后强烈弯曲；种子两侧有翅。

　　原产于大洋洲东南沿海地区。我国广东、广西、福建、台湾、云南西双版纳、海南等地均有栽培。喜暖热气候。

　　本种树形高大，姿态优美，可供庭园栽培观赏；木材可作为建筑、家具等用材；树皮可提取松脂。

叶 枝

叶 枝

松科 PINACEAE

云南油杉
Keteleeria evelyniana Mast.

　　松科油杉属常绿乔木，高达 40 m，胸径约 1 m；树皮暗灰色，不规则深纵裂或块片脱落。小枝基部有宿存芽鳞，1 年生枝常有毛。叶在侧枝上排成两列，条形，长 3～6.5 cm，宽 2.5～3.5 mm，先端有急尖的钝尖头（幼树和萌生枝的叶锐尖），两面中脉隆起，表面常有 2～10 条气孔线，背面有 14～19 条气孔线。雌雄同株；雄球花簇生于侧枝顶端；雌球花单生于侧枝顶端。球果圆柱形；种子具厚膜质长翅。花期 4～5 月；球果 10 月成熟。

　　产于云南、贵州西部、四川西部；生于海拔 1000～2650 m 的山地。易危 VU，被列入《中国物种红色名录》。

　　本种木材结构细致，富含树脂，硬度适中，耐久用，可作为建筑、桥梁、家具、地板等用材；根皮油脂为造纸填料；种子榨油供制作润滑油。

树 形

丛植景观

叶 枝

叶 枝

云南黄果冷杉

Abies ernestii var. *salouenensis*
(Borderes-Rey et Gaussen) Cheng et
L. K. Fu

　　松科冷杉属常绿乔木，高达 60 m，胸径约 2 m；
树皮暗灰色，纵裂成薄片；树冠塔形。大枝平展，
1 年生枝淡褐黄色。叶螺旋状排列，辐射状伸展，条
形，长 1.5 ～ 4 cm，宽 2 ～ 2.5 mm，果枝的叶长
4 ～ 7 cm，质地稍厚，表面无气孔线，间或近先端有
2 ～ 4 条气孔线，背面有 2 条淡绿色或灰白色气口
带；树脂道 2 个，边生。雌雄同株。球果圆柱体，
长 10 ～ 14 cm，直径达 5 cm；种鳞宽大，苞鳞较长；
种子斜三角形，具翅。花期 4 ～ 5 月；球果 10 月成熟。

　　产于云南西北部及西藏东南部海拔 2600 ～ 3200 m
的山地。

　　本种木质轻软，可作为一般建筑、包装箱用材；
为产地造林树种。

树 形

树 形

林芝云杉

Picea linzhiensis (Cheng et L. K. Fu) Cheng et L. K. Fu

　　松科云杉属常绿大乔木，高达40 m，胸径约1 m。小枝密被柔毛及腺毛。叶辐射状排列，枝条下面叶向两侧伸展，两侧及上面叶向上伸展或斜展，四棱状或扁四棱状条形，背面无气孔线，稀具1～2条不完整的气孔线。雌雄同株；雄球花常单生于叶腋；雌球花单生于枝顶。球果短圆柱形或卵状长圆形，红紫色或紫红色，长7～10 cm；种子近卵圆形，有倒卵形种翅。花期4～5月；球果10月成熟。

　　产于西藏东南部、云南西北部、四川西南部；生于海拔2700～3900 m高山地带。易危VU，被列入《中国物种红色名录》。

　　本种木材坚韧致密，可作为建筑、桥梁、车辆、造船、家具及木纤维工业等用材；为分布区内重要的森林更新树种及荒山造林树种。

树 形

天然林景观

人工林景观

球果枝

树形

天山云杉

Picea schrenkiana var. *tianshanica* (Rupr.) Cheng et S. H. Fu

松科云杉属常绿乔木,高达 40 m;树皮暗褐色,裂成块片状。小枝有木钉状叶枕,叶枕之间有凹槽,宿存芽鳞的先端向外开展;小枝淡黄色或姜黄色;芽近圆形或卵圆形。叶在枝上辐射状伸展,锥形,长 2～3.5 cm,先端锐尖;横切面菱形,四面有气孔线。雌雄同株;雄球花单生于叶腋;雌球花单生于侧枝顶端。球果椭圆状圆柱形,长 8～10 cm,成熟前紫红色;种子斜卵形,种翅倒卵形。花期 5～6 月;球果 9～10 月成熟。

产于新疆天山、西昆仑山、小帕米尔山等地;生于海拔 1200～3500 m 地带。

本种木材结构细致,为建筑、桥梁、车辆、家具和造纸原料,是新疆山区的主要用材和水源涵养树种,是重要的荒山造林及森林更新树种。

球果枝

树形

西藏红杉

Larix griffithiana (Lindl. et Gord.)
Hort. ex Carr.

　　松科落叶松属落叶乔木，高达 20 m；树皮灰褐色或暗褐色，深纵裂。大枝平展，小枝细长下垂，红褐色、淡褐色或淡黄褐色。叶倒披针状窄条形，长 2.5～5.5 cm，宽 1～2 mm，表面仅中脉的基部隆起，背面中脉两侧各有 2～5 条气孔线，无乳头状突起。雄球花和雌球花分别单生于短枝顶端。球果大，圆柱形或椭圆状圆柱形，长 7～11 cm，熟时褐色；种子斜倒卵形。花期 4～5 月；球果 10 月成熟。

　　产于西藏南部喜马拉雅山区北坡及东南坡；生于海拔 3000～4300 m 的高山地带。易危 VU，被列入《中国物种红色名录》。

　　本种木材硬度适中，心材褐红色，可作为建筑、桥梁、矿柱、家具等用材；树皮可提制栲胶；为西藏重要的森林更新及荒山造林树种。

树 形

球果枝

喜马拉雅红杉
Larix himalaica Cheng et L. K. Fu

　　松科落叶松属落叶小乔木，高5～8m，胸径20～30cm。小枝下垂，长枝黄色或淡褐黄色；短枝直径3～5mm，芽鳞宿存，反卷。叶倒披针状窄条形，长1～2.5cm，宽约1mm，先端钝或微尖，表面中下部的中脉隆起，背面中脉两侧各有2～5条灰白色气孔线。雄、雌球花分别单生于短枝顶端。球果短圆柱形，长5～6.5cm，熟时褐色；种子斜三角状卵圆形，连翅长约9mm。

　　产于西藏南部吉隆和珠穆朗玛峰北坡海拔2800～3600m的地带。濒危EN，被列入《中国物种红色名录》。

　　本种木材轻软，结构细密，可作为建筑、桥梁、器具、家具及木纤维工业等用材；树干可割取松脂；树皮可提制栲胶；为荒山造林及森林更新树种。

树 皮

人工林景观

日本五针松

Pinus parviflora Sieb. et Zucc.

松科松属常绿乔木，高达30 m，胸径0.6～1.5 m；树冠圆锥形；树皮灰黑色，呈不规则鳞片状剥裂。1年生枝淡褐色，密生淡黄色柔毛。冬芽长椭圆形，黄褐色。针叶5针一束，长3～6 cm，内侧两面有白色气孔线，钝头，边缘有细锯齿。球果卵圆形或卵状椭圆形，长4.0～7.5 cm，直径3.0～4.5 cm，熟时淡褐色；种子倒卵形，黑褐色而有光泽，种翅三角形。

原产于日本。我国华中、华东、华南、西南等地有栽培，各地也常栽为盆景。

本种为珍贵树种之一，主要供观赏用；宜与山石配植形成优美的园景；可制作盆景、桩景等。

树形

丛植景观

球果枝

盆景

雄球花枝

球果枝

雄球花枝

树 皮

树 形

北美短叶松 *Pinus banksiana* Lamb.

松科松属常绿乔木，高达25 m，胸径约80 cm，有时呈灌木状；树皮暗褐色，裂成不规则鳞状薄片脱落；树冠塔形。大枝近平展，小枝紫褐色或棕褐色。冬芽褐色，被树脂。针叶2针一束，短粗，常扭曲，长2～4 cm，直径约2 mm，全缘。球果窄圆锥状椭圆形，长3～5 cm，直径2～3 cm，不对称，常弯曲，熟时淡绿黄色或淡褐黄色，宿存树上多年不落；种子长3～4 mm，翅长约1.2 cm。花期4～5月；球果翌年10月成熟。

原产于北美北部。我国辽宁熊岳、抚顺，江西庐山，河南鸡公山等地有栽培。

本种木材纹理直，结构细密，可作为建筑、板料、家具等用材。

树　形

树　皮

行道树景观

球果枝

天然林景观

高山松　*Pinus densata* Mast.

　　松科松属常绿乔木，高达 30 m，胸径约 1.3 m；树皮暗灰褐色至红褐色，裂成片状脱落。1 年生枝粗壮，黄褐色。冬芽卵状圆锥形或圆柱形，栗褐色。叶 2 针一束，间或 3 针一束，长 6～15 cm，宽约 1.5 mm，粗硬，微弯曲，边缘有细齿；叶鞘宿存。球果圆卵形，长 5～6 cm，直径 4～5 cm，熟时栗褐色；种鳞鳞盾肥厚隆起，横脊显著，鳞脐突起，有刺状尖头；种子椭圆状卵圆形。花期 5 月；球果翌年 10 月成熟。

　　产于四川、云南西北部和西藏东部；生于海拔 2000～3600 m 的地带并组成大面积纯林。喜光，耐干旱瘠薄。中国特有，被列入《中国物种红色名录》。

　　本种木材坚韧，富含松脂，可作为建筑、桥梁、家具等用材；树干可割取松脂；为产地重要的森林采伐、更新和荒山造林树种。

马尾松

Pinus massoniana Lamb.

松科松属常绿乔木，高达40 m，胸径约1 m；树皮红褐色，呈不规则裂片。1年生小枝淡黄褐色，无白粉。冬芽圆柱形，褐色。针叶2针一束，长12～20 cm，宽约1 mm，下垂或微下垂，有细齿。球果卵圆形或圆锥状卵形，长4～7 cm，直径2.5～4 cm，有短柄，成熟时栗褐色；种子卵圆形，长4～6 mm，连翅长2～2.7 cm。花期4～5月；球果翌年10～12月成熟。

产于淮河流域、长江流域及其以南地区。喜温暖湿润气候，耐干旱瘠薄。中国特有，被列入《中国物种红色名录》。

本种木材耐腐，可作为建筑、水下工程、家具、包装箱、造纸和木纤维工业等用材；是产松脂的主要树种；叶可提取挥发油；根可提取松焦油；干枝可供培养贵重的中药茯苓、松蕈等；花粉可入药。

人工林景观

雄球花枝

树形

树皮

片林景观

球果枝

丛植景观

树 皮

群植景观

树 形

金钱松

Pseudolarix amabilis (Nelson) Rehd.

　　松科金钱松属落叶乔木,高达40 m,胸径达1.5 m;树皮灰褐色,呈狭长鳞片状剥离。大枝不规则轮生,平展;1 年生枝黄褐色或赤褐色,无毛。叶条形,在长枝上互生,在短枝上 15～30 枚轮状簇生,绿色,秋后呈金黄色。雄球花数个簇生于短枝顶部;雌球花单生于短枝顶部。球果卵形或倒卵形,长 6～7 cm,直径 4～5 cm,有短柄,当年成熟;种子卵形,白色。花期 4～5 月;球果 10～11 月成熟。

　　产于安徽、江苏、浙江、江西、湖南、湖北、四川等地;生于海拔 1500 m 以下的针阔混交林中。中国特有,近危 NT,被列入《中国物种红色名录》。

　　本种树姿美观,为名贵的庭园观赏树种;木材纹理直,硬度适中,可作为建筑、家具等用材;树皮可提制栲胶。

球果枝

叶枝

树·形

银杉

Cathaya argyrophylla Chun et Kuang

松科银杉属常绿乔木，高达 20 m，胸径约 80 cm；树皮暗灰色，老时裂成不规则薄片。大枝平展，1 年生枝黄褐色。叶条形，常镰状弯曲，螺旋状排列成辐射状伸展，长 4～5 cm，边缘微反卷，先端圆，表面中脉凹下，背面有 2 条苍白色气孔带。雌雄同株；雄球花单生于新枝的下部至基部叶腋。球果当年成熟，卵圆形；种子略扁，上端有 10～15 mm 的翅。

中国特有，仅产于广西龙胜，四川金川、金佛山海拔 1600～1800 m 的山脊地带有分布。银杉素有植物中"熊猫"的美称，人们赞誉它是"活化石"。濒危 EN，被列入《中国物种红色名录》。

本种树姿刚健秀丽，姿态高雅，是一种很好的风景树，可供观赏；木材优良，纹理美观，有光泽，结构细致，可作为建筑、桥梁、造船、车辆、家具、文化体育用品等用材。

孤植景观

叶 枝

叶 枝

丛植景观

杉科
TAXODIACEAE
秃杉
Taiwania flousiana Gaussen

　　杉科台湾杉属常绿乔木，高达75 m，胸径2 m以上；树皮淡褐灰色，裂成不规则的长条片状，大树叶长3.5～6 mm，横切面四棱形，四面有气孔线；幼树叶镰状锥形，长6～15 mm，直伸或微向内弯，两面有气孔线。雌雄同株；雄球花簇生于枝顶；雌球花单生于枝顶，直立。球果圆柱形或长椭圆形，长1.5～2.2 cm，直径约1 cm，褐色；种子长椭圆形或倒卵形，连翅长4～7 mm，宽3～4 mm。球果10～11月成熟。

　　产于云南西部怒江流域及湖北、贵州；生于气候温凉、夏秋多雨、冬春较干的红壤、山地黄壤或棕色森林土地带。

　　本种木材轻软，结构细密，可作为建筑、家具等用材；是分布区内营造用材林、风景林、水源林的优良树种。

叶枝

膝状呼吸根

池杉
Taxodium ascendens Brongn.

　　杉科落羽杉属落叶乔木，高达25 m；树干基部膨大，通常具膝状呼吸根；树皮褐红色。叶锥形，长4～10 mm。雌雄同株；雄球花排成总状或圆锥状球花序，生于枝顶；雌球花单生于上一年生枝顶。球果圆球形或长圆状球形，长2～4 cm，直径1.8～3 cm，熟时褐黄色；种子长1.3～1.8 cm，红褐色。花期3～4月；球果10月成熟。

　　原产于北美洲东南部。我国华中、华东、华南等地有引种栽培。强阳性树种，喜暖热湿润气候。

　　本种树姿优美，适宜滨水湿地成片栽植、孤植或丛植为园景树；木材硬度适中，耐腐力较强，不易翘裂，可作为建筑、桥梁、船舶、车辆、家具等用材。

片林景观

球果枝

球果枝

树 皮

岸边丛植景观

树 形

雄球花枝

丛植景观

树 皮

球果枝

岸边列植景观

落羽杉

Taxodium distichum (L.) Rich.

　　杉科落羽杉属落叶乔木，高达 50 m，胸径达 3 m；树干尖削度大，基部通常膨大，具膝状呼吸根；树皮棕色，裂成长条片。大枝近平展，1 年生枝褐色，侧生短枝 2 列。叶条形，长 1～1.5 cm，先端尖，2 列排成羽状，表面中脉凹下，淡绿色，秋季凋落前变暗红褐色。雌雄同株。球果圆球形或卵圆形，直径约 2.5 cm，熟时淡褐黄色，被白粉；种子长 1.2～1.8 cm，褐色。花期 3 月；球果 10 月成熟。

　　原产于北美洲东南部。我国长江流域及华南地区的园林中常有栽培。强阳性树种，喜暖热湿润气候，极耐水湿。

　　本种在江南低湿河网地区可作为造林及观赏树种；木材重，纹理直，耐腐性强，可作为建筑、电杆、车辆、造船、家具等用材。

树 形

球果枝

片林景观

水松

Glyptostrobus pensilis (Staunt.) Koch

　　杉科水松属半常绿乔木，高8～16 m，稀达25 m；生于潮湿土壤者树干基部膨大具圆棱，并有高达70 cm的膝状呼吸根；树皮呈扭状长条形浅裂。叶互生，鳞形叶长约2 mm，宿存，螺旋状着生在主枝上，在1年生短枝及萌生枝上有条状钻形叶及条形叶，长0.4～3 cm，常排成2～3列的假羽状，冬季均与小枝同落。雌雄同株；球花单生于具鳞叶的小枝顶端。球果倒卵形；种子基部有向下的长翅。花期1～2月；球果秋后成熟。

　　产于广东、福建、四川、广西、云南等地；生于河流两岸。中国特有，易危VU，被列入《中国物种红色名录》。

　　本种木材可作为建筑、造船、涵洞、水闸板等用材；根部材质松软，可代替木栓作为救生圈、瓶塞的材料；球果、树皮可提制栲胶；枝叶及果可入药。

树形

树皮

叶枝

树形

丛植景观

叶枝

树形

柏科 CUPRESSACEAE

罗汉柏 *Thujopsis dolabrata* (L. f.) Sieb. et Zucc.

　　柏科罗汉柏属常绿乔木，高达 15 m；树皮薄，灰色或红褐色，裂成长条片状脱落；树冠尖塔形。生鳞叶的小枝平展。两侧的叶卵状披针形，长 4～7 mm，先端通常较钝，微内曲，表面深绿色，背面具一条较宽的白色气孔带；中央的叶稍短于两侧的叶，露出部分呈倒卵状椭圆形，先端钝圆或近三角形；下面中央的叶具两条明显的粉白色气孔带。雌雄同株；球花单生于短枝顶端。球果近圆球形，长 1.2～1.5 cm；种子近圆形，两侧有窄翅。

　　原产于日本。我国青岛、庐山、井冈山、南京、上海、杭州、福州、武汉等地有栽培。喜凉爽而温暖湿润的气候，耐阴性强。

　　本种树姿优美，枝叶秀丽，供庭院栽培观赏；木材坚硬，耐腐，可作为建筑、造船及造纸用材。

树形

树皮

孤植景观

丛植景观

柏木
Cupressus funebris Endl.

　　柏科柏木属常绿乔木,高达35m,胸径约2m;树皮淡褐灰色。小枝细长下垂,生鳞叶的小枝扁平,绿色。鳞叶二型,长1～1.5mm。先端锐尖,中央的叶的背部有条状腺点,两侧的叶对折,背部有棱脊。雌雄同株;球花单生于枝顶。球果球形,直径0.8～1.2cm;种鳞4对,顶端为不规则的五边形或方形;种子近圆形,长约2.5mm。花期3～5月;球果翌年5～6月成熟。

　　中国特有,产于华中、华东、华南、西南及甘肃南部、陕西南部;生于海拔1000～2000m地带。

　　本种树姿优美,为庭院观赏树种;木材有香气,纹理直,结构细密,可作为建筑、车辆、家具等用材;种子可榨油;球果、根、枝、叶皆可入药。

球果枝

行道树景观

孤植景观

巨柏

Cupressus gigantea Cheng et L. K. Fu

　　柏科柏木属常绿乔木，高达 45 m，胸径 1～3 m；树皮纵裂成条状。生鳞叶的小枝排列紧密，粗壮，不排成平面，常呈四棱形，被蜡粉；2 年生枝淡紫褐色或灰紫褐色。鳞叶斜方形，交叉对生，紧密排列成整齐的 4 列，背部有钝脊或拱圆，具条槽。雌雄同株。球果卵圆状球形，长 1.6～2 cm；种鳞 6 对，背部中央有明显凸起的尖头；种子倒卵形，具窄翅。花期 4～5 月；球果翌年 6～8 月成熟。

　　产于西藏雅鲁藏布江流域的林芝等地；生于海拔 3000～3400 m 沿江河漫滩和石灰石露头的阶地阳坡中下部。濒危 EN，被列入《中国物种红色名录》。

　　本种材质优良，可作为雅鲁藏布江下游的造林树种；其他用途同柏木。

古树名木景观

叶　枝

树　皮

树　形

天然林景观

树　形

叶 枝

树 形

干香柏

Cupressus duclouxiana Hickel

　　柏科柏木属常绿乔木，高达 25 m，胸径约 80 cm；树干端直，树皮灰褐色；枝密集，树冠近球形或广圆形。小枝不排成平面，不下垂；1 年生枝四棱形，直径约 1 mm，绿色。鳞叶长约 1.5 mm，先端微钝或稍尖，蓝绿色，微被蜡质白粉。雌雄同株。球果球形，直径 1.6～3 cm；种鳞 4～5 对，被白粉；种子长 3～4.5 mm，褐色或紫褐色。

　　产于云南中部、西北部、四川西南部及贵州西部；生于海拔 1400～3000 m 地带；适于生长在气候温和、夏秋多雨、冬春干旱的山区，在深厚、湿润的土壤上生长迅速，为喜钙树种。中国特有，易危 VU，被列入《中国物种红色名录》。

　　本种木材纹理直，结构细密，材质坚硬，易加工，耐久用，可作为建筑、桥梁、车厢、造船、家具等用材。

树 皮

树形

西藏柏木
Cupressus torulosa D. Don

柏科柏木属常绿乔木，高达 20 m。生鳞叶的枝不排成平面，圆柱形，末端的鳞叶枝细长，直径约 1.2 mm，微下垂或下垂，排列较疏；2～3年生枝灰棕色，枝裂成块状薄片。鳞叶排列紧密，近斜方形，长 1～1.5 mm，先端通常微钝，背部平，且有短腺槽。雌雄同株。球果生于长约 4 mm 的短枝顶端，宽卵圆形或近球形，直径 1.2～1.6 cm，熟时深灰褐色；种鳞 5～6 对，顶部五边形；种子宽倒卵形，两侧具窄翅。

产于西藏东南部；生于海拔 1800～2800 m 的石灰岩山地。易危 VU，被列入《中国物种红色名录》。

本种木材性质及用途同干香柏。

树皮

片林景观

叶枝

球果枝

树 形

孤植景观

丛植景观

日本扁柏 *Chamaecyparis obtusa* (Sieb. et Zucc.) Endl.

柏科扁柏属常绿乔木，高达 40 m，胸径约 1.5 m；树冠尖塔形；树皮红褐色，裂成薄片状脱落。生鳞叶的小枝扁平，排成一平面。鳞叶肥厚，先端钝，长 1～1.5 mm，绿色，背部具纵脊，侧面的叶对折呈倒卵状菱形，长约 3 mm。雌雄同株；球花单生于枝顶。球果圆球形，直径 8～10 mm，红褐色；种鳞 4 对；种子近圆形，长 2.6～3 mm，两侧有窄翅。花期 4 月；球果 10～11 月成熟。

原产于日本。我国青岛、武汉、南京、上海、庐山、杭州、广州，河南、云南、台湾等地均有栽培。喜凉爽湿润气候及排水良好的较干山地。濒危 EN，被列入《中国物种红色名录》。

本种树姿优美，可作为园景树、行道树、风景树及绿篱；材质坚韧，耐腐，芳香，可作为建筑、家具及造纸用材。

黄叶扁柏　*Chamaecyparis obtusa* 'Crippsii'

　　柏科扁柏属常绿乔木，树冠阔塔形，树皮赤褐色。枝斜展，小枝宽，云片状，顶端下弯。鳞叶尖端较钝，鲜金黄色，树冠内侧叶逐渐变绿。球果球形。花期 4 月；球果 10 ～ 11 月成熟。

　　原产于英国。我国长江以南有栽培。

　　本种树形、枝叶均美观，尤其叶独具特色，为庭园绿化树种，可作为园景树、行道树、树丛、风景林等。

树　形

叶　枝

群植景观

树 形

丛植景观

孔雀柏

Chamaecyparis obtusa 'Tetragona'

柏科扁柏属常绿灌木或小乔木。枝近直展，生鳞叶的小枝辐射状排列或微排成平面，生鳞叶的小枝短，末端鳞叶枝四棱形。鳞叶背部有纵脊，光绿色。

原产于日本。我国武汉、庐山、南京、杭州等地有栽培。生长较慢，喜温暖湿润气候，稍耐干燥。

本种枝叶优美，栽培供观赏。

叶 枝

叶枝

树　形

丛植景观

美国扁柏

Chamaecyparis lawsoniana (A. Murr.)
Parl.

柏科扁柏属常绿乔木，高达 60 m，胸径达 2 m；树皮红褐色，鳞状深裂。生鳞叶的小枝排成平面，扁平，下面的鳞叶微有白粉，部分近无白粉。鳞叶小型，排列紧密，先端钝尖或微钝，背部有腺点。雌雄同株。球果圆球形，直径约 8 mm，红褐色，被白粉；种鳞 4 对，顶部凹槽内有一小尖头；发育种鳞具 2～4 枚种子。

原产于美国西部。我国庐山、南京、杭州、昆明等地有栽培。喜温暖湿润气候。

本种树姿挺拔秀丽，栽培供观赏。

树 形

群植景观

日本花柏

Chamaecyparis pisifera (Sieb. et Zucc.) Endl.

柏科扁柏属常绿乔木，高达50 m，胸径约1 m；树皮红褐色，裂成薄皮状脱落；树冠尖塔形。生鳞叶的小枝扁平，排成一平面。鳞叶先端锐尖，侧面叶较中间叶稍长，小枝表面中央的叶深绿色，背面的叶有明显的白粉。雌雄同株。球果圆球形，直径约6 mm，熟时暗褐色；种鳞5～6对，顶部的中央微凹，内有凸起的小尖头；种子三角状卵圆形，有棱脊，两侧有宽翅。

原产于日本。我国青岛、庐山、南京、武汉、上海、杭州、长沙等地有栽培。对阳光的要求属中性而略耐阴，喜温凉湿润气候、湿润土壤。

本种在园林中可孤植、丛植或作为绿篱；木材坚韧，耐腐，为建筑、家具及木纤维工业原料等。

叶 枝

丛植景观

树　形

线柏

Chamaecyparis pisifera 'Filifera'

　　柏科扁柏属常绿灌木或小乔木，树冠卵状球形或近球形。枝叶浓密，绿色或淡绿色；小枝细长下垂至地，线形。鳞叶先端长锐尖。

　　原产于日本。我国庐山、南京、杭州等地有栽培。喜温暖湿润气候。

　　本种为优美的风景树，栽培供观赏。

叶枝

绒柏

Chamaecyparis pisifera 'Squarrosa'

柏科扁柏属常绿灌木或小乔木。大枝斜展，枝叶浓密。叶条状刺形，柔软，长6～8mm，先端尖，表面绿色，背面中脉两侧有白粉带。

原产于日本。我国庐山、黄山、南京、杭州、长沙等地有栽培。喜温暖湿润气候及深厚的沙壤土。

本种枝叶茂密，栽培供观赏。

树 皮

丛植景观

叶 枝

树 形

树 皮

树 形

球果枝

叶枝与雄球花枝

福建柏

Fokienia hodginsii (Dunn) Henry et Thomas

　　柏科福建柏属常绿乔木，高达20 m，胸径约80 cm；树皮紫褐色，浅纵裂。生鳞叶的小枝扁平，排成一平面。鳞叶二型，交互对生，4个成一节，长2～9 mm，小枝中央的一对紧贴，先端三角状；两侧的叶折贴着中央叶的边缘，先端钝或尖，稍内弯或直；小枝表面的叶微凸，深绿色，背面的叶具凹陷的白色气孔带。雌雄同株；球花单生于枝顶。球果近球形，直径2～2.5 cm；种子上部有两个大小不等的翅。花期3～4月；球果翌年10～11月成熟。

　　产于我国华南及西南地区；生于海拔1800 m以下地带。喜温暖湿润气候及酸性土壤。

　　本种树形优美，为风景树及庭园观赏树；木材轻软、纹理直，可作为建筑、家具、农具、雕刻等用材。

群植景观

树 形

塔柏

Sabina chinensis 'Pyramidalis'

柏科圆柏属常绿乔木，高达 15 m；树冠幼时为锥状，大树则为尖塔形。枝近直展，密生。幼树多为刺叶，大树间有鳞叶。鳞叶交互对生；刺叶常 3 枚轮生，长 0.6～1.2 cm。雌雄异株。花期 4 月下旬；球果翌年 10～11 月成熟。

我国华北及长江流域有栽培。喜光，耐寒。

本种的大树枝条呈螺旋状扭曲，树姿优美，为庭园观赏树种；材质致密、坚硬、芳香，宜作为图板、铅笔、家具或建筑用材；种子可榨油或入药。

叶 枝

树形

丛植景观

叶枝

垂枝圆柏 *Sabina chinensis* f. *pendula* (Franch.) Cheng et W. T. Wang

柏科圆柏属常绿乔木，高达20m，胸径达3.5m；树皮灰褐色，裂成长条片状；树冠尖塔形或圆锥形。枝开展，显著细长，小枝下垂。全为鳞叶。雌雄异株。球果近球形；种子扁卵形，有棱脊。花期3月；翌年10月种子成熟。

产于陕西及甘肃东南部，华北各地有栽培。喜光，喜温凉气候，适酸性、中性及钙质土壤。

本种小枝柔软下垂，树姿优美，为园林观赏树种；木材细致、坚实耐用，可作为建筑、家具、工艺及室内装饰等用材；种子可榨油；枝、叶可入药；根、干、枝、叶可提取挥发油。

刺柏

Juniperus formosana Hayata

柏科刺柏属常绿乔木，高达 12 m；树皮褐色，有纵沟槽，条片状剥落；树冠窄塔形或窄圆锥形。小枝下垂。叶刺形，先端锐尖，3 叶轮生，基部有关节，不下延，长 1.2～2.5 cm，宽 1～2 mm，表面微凹，中脉稍隆起，绿色，两侧各具 1 条白色气孔带，背面具纵钝脊。雌雄异株或同株，球花单生于叶腋。球果近球形或宽卵形，长 6～10 mm，熟时红褐色，被白粉或白粉脱落，2 年成熟；种子半月形，有 3～4 条棱脊。

产于长江流域以南各地；生于低山、丘陵直至高山、高原，常散生于林缘及疏林内。性喜光、耐寒。中国特有，被列入《中国物种红色名录》。

本种树形美观，常作园林绿化树种；木材致密有芳香气味，耐水湿，可作为桥梁、造船、文化体育用品等用材。

群植景观

叶枝

树形

叶 枝

罗汉松科
PODOCARPACEAE
竹柏
Podocarpus nagi (Thunb.) Zoll. et Mor. ex Zoll.

　　罗汉松科罗汉松属常绿乔木，高达 20 m，胸径约 50 cm；树皮近平滑，红色或暗红色，裂成小薄片状。叶对生，长卵形、卵状披针形或披针状椭圆形，长 3.5～9 cm，宽 1.5～2.5 cm，先端渐尖，基部楔形或宽楔形，表面绿色，背面淡绿色，平行脉 20～30，无明显中脉。雌雄异株；雄球花穗状，常呈分枝状；雌球花单生于叶腋。种子球形，直径 1.2～1.5 cm，有白粉。花期 3～4 月；种子 10 月成熟。

　　产于浙江、福建、江西、四川、广东、广西、湖南等地；生于海拔 1600 m 以下山地。中国特有，极危 CR，被列入《中国物种红色名录》。

　　本种树冠秀丽浓郁，为园林观赏树种；木材结构细密，为优良的建筑、家具、文具、乐器、雕刻等工艺用材；种子可提取工业用油。

树 形

孤植景观

造型

雄球花枝

盆景

树 形

球果枝

球果枝

罗汉松

Podocarpus macrophyllus
(Thunb.) D. Don

罗汉松科罗汉松属常绿乔木,高达20 m,胸径约60 cm;树皮灰色或灰褐色,浅纵裂,薄片状脱落。叶条状披针形,长7～12 cm,宽7～10 mm,先端尖,基部楔形,中脉显著,表面暗绿色,背面淡绿色或粉绿色。雌雄异株;雄球花单生或簇生于叶腋;雌球花单生于叶腋或苞腋,稀顶生。种子卵形,熟时假种皮紫黑色,外被白粉,着生于膨大的种托上;种托肉质,红色或紫红色。花期4～5月;种子8～9月成熟。

产于长江流域以南至广东、广西、云南、贵州;生于海拔1000 m以下地带。半阴性树种,喜排水良好而湿润的沙质土壤。

本种树形优美,供园林绿化或制作盆景;材质优良,易加工,可作为家具、体育用具等用材。

散植景观

叶枝

陆均松

Dacrydium pierrei Hickel

　　罗汉松科陆均松属常绿乔木，高达30m，胸径约1.5m；树皮灰褐色或灰黄褐色，略粗糙，片状脱落。大枝轮生，小枝下垂。叶排列紧密，下延生长，幼树、萌发枝或营养枝的叶较长，镰状针形，长1.5～2cm；成龄树或果枝上的叶较短，钻形或鳞状钻形，长3～5mm，上弯。雌雄异株；雄球花生于小枝上部叶腋；雌球花单生于小枝顶端或近顶端，无梗。种子坚果状，卵圆形，横生于肉质杯状的假种皮中，长4～5mm，成熟时假种皮红色。花期3月；种子成熟期10～11月。

　　产于海南中部以南山区；生于海拔300～1700m的山坡。易危VU，被列入《中国物种红色名录》。

　　本种树姿优美，枝叶整齐秀丽，是优良的庭园观赏树种；木材结构细致、材质坚重，为高级建筑、家具及胶合板、船舶、车辆等用材。

树形

树皮

雄球花枝

球果枝

树 形

群植景观

三尖杉科
CEPHALOTAXACEAE

三尖杉 *Cephalotaxus fortunei* Hook. f.

三尖杉科三尖杉属常绿乔木，高达 20 m，胸径约 40 cm；树皮褐色或红褐色，裂成片状脱落。小枝对生，基部有宿存芽鳞。叶排成两列，披针状条形，微弯，长 4～13 cm，宽 3.5～4.5 mm，先端长渐尖，基部楔形或宽楔形，背面气孔带白色。雄球花腋生；雌球花生于小枝基部的苞腋。种子椭圆状卵形，长约 2.5 cm，假种皮熟时紫色或红紫色。花期 4 月；种子 8～10 月成熟。

产于安徽、浙江、福建、江西、湖南、湖北、陕西、甘肃、四川、云南、贵州、广西、广东等地；生于海拔 1000～3000 m 的针阔混交林中。中国特有，近危 NT，被列入《中国物种红色名录》。

本种树姿挺拔，为园林绿化树种；木材可作为建筑、桥梁、车辆、家具、农具等用材；假种皮及种仁可提取工业用油；叶、枝、种子、根可提取多种生物碱。

粗榧

Cephalotaxus sinensis (Rehd. et Wils.) Li

三尖杉科三尖杉属常绿灌木或小乔木；树皮灰色或灰褐色，裂成薄片脱落。叶条形，长2～5 cm，宽约3 mm，先端渐尖或微凸尖，基部圆截形或圆形，背面有两条白色气孔带，较绿色边带宽2～4倍。雌雄异株。种子2～5，生于总梗的上端，卵圆形、椭圆状卵圆形或近球形，长1.8～2.5 cm，顶端中央有尖头。花期3～4月；种子10～11月成熟。

产于长江流域以南至广东、广西，西至甘肃、陕西南部、河南、四川、云南东南部、贵州东北部；生于海拔2000 m以下山地。中国特有，近危NT，被列入《中国物种红色名录》。

本种为庭园观赏树种；木材坚实，可作为农具等用材；叶、枝、种子、根可提取多种生物碱。

球果枝

丛植景观

树形

球花枝

球果枝

树形

叶 枝

球果枝

红豆杉科 TAXACEAE

红豆杉

Taxus chinensis (Pilger) Rehd.

　　红豆杉科红豆杉属常绿乔木，高达30 m，胸径约1 m；树皮灰褐色、红褐色或暗褐色，裂成条片2列，微弯，长1～3.2 cm，宽2～4 mm，边缘微反曲，先端渐尖或微急尖，背面有两条淡黄绿色气孔带。种子扁卵形，生于红色肉质的杯状假种皮中，长5～7 mm，先端有2脊，种脐卵圆形。花期5～6月；种子9～10月成熟。

　　产于甘肃南部、陕西南部、湖北西部、四川等地；生于海拔1500～2000 m的山地。易危VU，被列入《中国物种红色名录》。

　　本种树形端正，可作为园景树；木材纹理直，结构细密，耐腐，可作为土木工程、家具、体育用具等用材；种子含油率60%，供工业用；种子可入药。

球果枝

树形

西藏红豆杉
Taxus wallichiana Zucc.

红豆杉科红豆杉属常绿乔木或灌木。1年生枝绿色、金黄色或淡褐色。冬芽卵圆形，基部芽鳞的背部具脊，先端急尖。叶条形，排成彼此重叠的2列，质地较厚，长1.5～3.5cm，宽约3mm，直而不弯，上下等宽或上端微渐窄，先端有凸起的刺状尖头，基部两侧对称，背面有两条淡黄色气孔带。雌雄异株。种子柱状长圆形，长约6.5mm，直径4～5mm，上部两侧微有钝脊，顶部有凸起的钝尖，种脐椭圆形。

产于西藏南部；生于海拔2500～3000m的高山地带。喜湿润、疏松、肥沃、排水良好的棕色土壤。易危VU，被列入《中国物种红色名录》。

本种的木材心材、边材区别明显，纹理均匀，结构细致，硬度强，为优良建筑、桥梁、家具、器具、车辆等用材。

孤植景观

叶枝

丛植景观

树形

白豆杉
Pseudotaxus chienii (Cheng) Cheng

　　红豆杉科白豆杉属常绿小乔木，高达7m，胸径约20cm；树皮灰褐色，裂成条片状脱落。小枝近对生或轮生，基部有宿存的芽鳞。1年生小枝褐黄色或黄绿色。叶螺旋状排列，基部排成2列，条形，长1.5～2.6cm，宽2.5～4.5mm，先端凸尖，基部近圆形，背面有两条白色气孔带。雌雄异株；球花单生于叶腋。种子卵圆形，长5～8mm，直径4～5mm，成熟时假种皮白色。花期3～5月；种子10月成熟。

　　中国特有，产于浙江南部、江西井冈山、湖南南部及西北部、广东北部、广西临桂及大明山等海拔800～1400m的山地。喜温暖湿润气候。

　　本种为优美的庭园观赏树种；木材纹理均匀、结构细致，可作为美工等用材。

植株

固沙林景观

固沙林景观

麻黄科 EPHEDRACEAE

中麻黄 *Ephedra intermedia* Schrenk ex Mey.

　　麻黄科麻黄属落叶灌木,高20～100 cm;茎直立或匍匐斜向上,粗壮,基部分枝多。小枝对生或轮生,常被白粉,呈灰绿色,节间长3～6 cm,直径1～2 mm,纵槽纹较细浅。叶膜质鞘状,3裂或2裂,2/3以下合生,裂片钝三角形或窄三角状披针形。雌雄异株;雄球花数个密集生于节上呈团状;雌球花2～3朵成簇、对生或轮生于节上。种子包于肉质红色苞片内,卵圆形或长卵圆形。花期5～6月;种子7～8月成熟。

　　产于辽宁、内蒙古、河北、山东、山西、陕西、甘肃、青海及新疆等地;生于海拔600～2000 m的干旱荒漠、沙漠、戈壁、干旱山坡或草地上。被列入《中国物种红色名录》。

　　本种供药用,生物碱含量较少;苞片可食;根、茎可做燃料。

固沙林景观

膜果麻黄
Ephedra przewalskii Stapf

　　麻黄科麻黄属落叶灌木,高50～240 cm;茎直立,茎皮灰黄色或灰白色,分枝多。小枝绿色,节间粗长,长2.5～5 cm,直径2～3 mm。叶膜质鞘状,通常3裂或2裂,裂片三角形。雌雄异株;球花常数个密集成团状复伞花序,对生或轮生于节上。种子常3枚,稀2,包于干燥膜质苞片内,暗褐红色。花期5～6月;种子7～9月成熟。

　　产于内蒙古、宁夏、甘肃北部、青海北部、新疆天山南北麓;生于干燥沙漠、戈壁或山麓,多砾石的盐碱土上也能生长,在水分稍充足的地方常组成大面积群落。

　　本种为固沙植物;供药用;茎、枝可作为燃料。

叶枝

植株

树 皮

果 枝

木麻黄科
CASUARINACEAE

木麻黄（驳骨松）

Casuarina equisetifolia L.

　　木麻黄科木麻黄属常绿乔木，高 10～20 m；树皮暗褐色，纤维呈窄条片状脱落。小枝灰绿色，细长下垂，似松针，多节，节间有 7 条纵棱，易从节处拔断。叶鳞片状，淡褐色，多枚轮生。花单性，雌雄同株，无花被；雄花序穗状，生于小枝顶端，有时侧生于枝上，雄花有 1 个雄蕊和 4 个小苞片；雌花序近头状，生于小枝基部，较雄花序略宽而短。果序近球形或宽椭圆形；小苞片宿存，内有 1 枚具薄翅的小坚果。花期 4～5 月；果期 7～10 月。

　　原产于大洋洲。我国福建、广东、广西、台湾等地有栽培。

　　本种树干通直，小枝似松针，是很好的观赏树种；可作为行道树、绿篱等；树皮可提制栲胶；木材可作为枕木。

固坡林景观

树 形

沿海防护林景观

天然林景观

树 皮

叶 枝

树 形

杨柳科 SALICACEAE

香杨 *Populus koreana* Rehd.

　　杨柳科杨属落叶乔木，高达30 m，胸径 1～1.5 m；树冠广圆形；树皮暗灰色，具深纵沟。小枝粗圆。短枝叶椭圆形、椭圆状长圆形、椭圆状披针形及倒卵状椭圆形，长9～12 cm，表面有皱纹，背面带白色；长枝叶窄卵状椭圆形、椭圆形或倒卵状披针形，长5～15 cm，基部多楔形。柔荑花序，先叶开放；雄花序长3.5～5 cm，苞片近圆形或肾形，雄蕊10～30，花药暗紫色；雌花序长约3.5 cm，无毛。蒴果绿色，卵圆形，2～4裂。花期4～5月；果期6月。

　　产于黑龙江、吉林、辽宁东部；生于海拔400～1600 m的山区、沟谷、溪边，与红松、白桦混生。

　　本种木材白色至淡褐色，轻软致密，耐腐力强，可作为胶合板、建筑、造纸、火柴用材。

树 皮

防护林景观

叶 枝

藏川杨

Populus szechuanica var. *tibetica* Schneid.

杨柳科杨属落叶乔木，高达 40 m；树冠卵圆形；树皮灰白色，开裂。小枝微有棱。叶初发时两面有短柔毛，萌枝叶卵状长椭圆形，长 11～20 cm，先端急尖或短渐尖，基部近心形或圆形，边缘具圆腺齿；果枝叶宽卵形、卵圆形或卵状披针形，长 8～18 cm，先端常短渐尖，基部圆形、楔形或心形；萌枝叶柄较短，果枝叶柄较长，具短柔毛。柔荑花序，先叶开放。果序长 10～20 cm，果序轴光滑；蒴果卵状球形，近无柄，3～4 裂。花期 4～5 月；果期 5～6 月。

产于四川、西藏；生于海拔 2000～4500 m 的高山地带。

本种树干灰白，端直，树冠整齐，生长迅速，是优良的行道树种；木材供箱板材、民用建筑或建筑原料等用。

树 形

列植景观

防护林景观

树形

小钻杨

Populus × xiaozuanica W. Y. Hsu et Liang

　　杨柳科杨属落叶乔木，高达30 m，树干通直；幼树皮灰绿色，老树皮灰褐色，基部浅裂。幼枝微有棱，被毛。长枝叶菱状三角形，稀倒卵形；短枝叶菱状三角形、菱状椭圆形或宽菱状卵圆形，表面沿脉疏被毛，背面淡绿色，无毛；叶柄圆形，长1.5～3.5 cm，先端微扁。雄花序长5～6 cm。果序长10～16 cm；蒴果较大，卵圆形，2～3裂。花期4月；果期5月。

　　产于内蒙古、辽宁、吉林，河南、山东、江苏等地有栽培。

　　本种树体高大挺拔，叶形秀丽，可作为行道树或庭园观赏树种，若孤植或丛植于草坪更能显示其独特风姿；其木材细致，是良好的用材林树种。

叶枝

树皮

树形

果枝

孤植景观

大红柳

Salix cheilophila var. *microstachyoides* (C. Wang et P. Y. Fu) C. Wang et C. F. Fang

杨柳科柳属落叶灌木或小乔木，高达5.4m。小枝灰黑色或黑红色。芽具长柔毛。叶线形或线状披针形，长2.5～3.5cm，表面绿色疏被柔毛，背面灰白色，密被绢状柔毛，中脉显著突起，边缘外卷，上部具腺锯齿，下部全缘。柔荑花序，与叶同放，花序基部具2～3小叶；雄花序圆柱形，密花，苞片卵状长圆形；雌花序短圆柱形，密花，花序轴具柔毛，苞片近圆形，通常与子房近等长，具有腹腺和背腺。蒴果长约3mm。花期4～5月；果期5月。

产于西藏。

本种为优良固沙造林树种。

黄柳 *Salix gordejevii* Chang et Skv.

　　杨柳科柳属落叶灌木，高达2m；树皮灰白色，不开裂。小枝黄色，无毛，有光泽。叶线形或线状披针形，长2～8cm，先端短渐尖，基部楔形，边缘有腺锯齿，表面淡绿色，背面微苍白色；幼叶有短绒毛，后无毛；托叶披针形，具腺齿。柔荑花序，花先叶开放；雄花序长1.5～1.7cm，雄蕊2，离生；雌花序长1.5～2.5cm，子房长卵形，柱头4裂。蒴果浅褐黄色，卵形，无毛。花期4月；果期5月。

　　产于内蒙古东部、辽宁西部，甘肃北部有栽培；生于流动沙丘上。

　　本种为内蒙古东部、辽宁西部沙丘上极佳的固沙树种。

植株

固沙林景观

叶枝

树 皮

左旋柳
Salix paraplesia var. *subintegra* C. Wang et P. Y. Fu

杨柳科柳属落叶小乔木，高6～7m；树皮暗褐色，纵裂，左旋。小枝带紫色或灰色。叶倒卵状椭圆形或椭圆状披针形，长3.5～6.5cm，先端渐尖或急尖，基部楔形，幼叶两面具绢毛，成叶背面疏生伏毛。柔荑花序密生，花序梗长，具3～5叶，花叶同放，花序轴有柔毛；雄花序通常长约3.5cm，苞片长圆形或椭圆形，两面有毛；雌花序长4～5cm，子房长卵形或圆锥形，苞片同雄花。果序长达6cm，蒴果卵状圆锥形。花期4～5月；果期6～7月。

产于西藏东部；生于海拔3600～3900m的河边、路旁。

本种树冠丰满，枝叶清秀，尤其树皮左旋向上生长，十分别致，宜在公园、池畔、湖滨、道旁栽植供观赏。

叶 枝

树 形

行道树景观

固沙林景观

植 枝

叶 枝

北沙柳 *Salix psammophila* C. Wang et Ch. Y. Yang

　　杨柳科柳属灌木，高达4 m。当年生枝初被短绒毛，后几无毛。叶条形或条状披针形，长4～8 cm，先端渐尖，基部楔形，边缘具疏锯齿，叶表面淡绿色，背面带灰白色，幼叶微有绒毛，成叶无毛；叶柄长约1 mm；托叶线形，常早落。花先叶或几与叶同放，柔荑花序长1～2 cm，具短花序梗和小苞片；苞片卵状长圆形，外面褐色，无毛；腺体1，腹生，细小，雄蕊2，花丝合生，花药黄色；雌花序有梗；子房卵圆形，柱头2裂。蒴果密被绒毛。花期3～4月；果期5月。

　　产于陕西、内蒙古、宁夏、山西等地；生于沙地。

　　本种根系发达，繁殖容易，宜作为固沙造林树种。

天然林景观

卷边柳
Salix siuzevii Seemen

　　杨柳科柳属乔木或灌木，高达6m；树皮灰绿色。小枝细长，黄绿色或灰绿色或稍带红色。叶披针形，长7～12cm，先端渐尖，基部阔楔形，边缘波状，近全缘，微内卷，表面暗绿色，有光泽，背面有白霜；托叶披针形，早落。柔荑花序，无梗，花先叶开放；雄花序直立，圆柱形，长约3cm，雄蕊2，花药金黄色，苞片披针形或舌形，淡褐色，有毛，腺体1，腹生，长圆状线形；雌花序圆柱形，长约2cm，子房卵状圆锥形，柱头长形，向两侧开展，苞片、腺体同雄花。蒴果。花期5月；果期6月。

　　产于黑龙江、吉林、辽宁、内蒙古；生于河边或山坡。

　　本种枝条可用于编织；为早春蜜源植物；又为护堤树种。

叶枝

树形

固沙林景观

蒿柳（绢柳）

Salix viminalis L.

杨柳科柳属小乔木或灌木，高达10 m；树皮灰绿色。叶线状披针形，长15～20 cm，最宽处在中部以下，先端渐尖或急尖，基部狭楔形，全缘或微波状，内卷，表面暗绿色，背面有密丝状长毛，有银色光泽；托叶狭披针形，脱落。柔荑花序，无梗，花先叶开放或同时开放；雄花序长圆状卵形，雄蕊2，花药金黄色，苞片长圆状卵形，淡褐色，先端黑色，腺体1，腹生；雌花序圆柱形，子房卵形或卵状圆锥形，有密丝毛，柱头2裂或近全缘，苞片、腺体同雄花。蒴果。花期4～5月；果期5～6月。

产于黑龙江、吉林、辽宁、内蒙古东部、河北；生于海拔300～600 m 的河边、溪边。

本种枝条可用于编织；叶可饲蚕；又为护岸树种。

植 株

叶 枝

果 枝

树 冠

胡桃科
JUGLANDACEAE

甘肃枫杨
Pterocarya macroptera Batal.

胡桃科枫杨属落叶乔木，高达15 m，芽有长柄，芽鳞黄褐色。奇数羽状复叶，长23～30 cm；叶柄长4～8 mm，与叶轴同有短星状毛及柔毛；小叶7～13，椭圆形至长椭圆状披针形，长9～16 cm，表面有细小星状毛和盾状腺体，背面有灰色细小鳞片和盾状腺体，叶脉具细小星状毛。花单性，雌雄同株，柔荑花序；雄花序腋生于新枝基部，长10～12 cm；雌花序生于新枝上部叶腋，长约20 cm。果序长40～60 cm，果序轴密生黄褐色至淡褐色柔毛。坚果无柄，果翅不整齐。花期5～6月；果期8～9月。

产于甘肃南部、陕西秦岭；生于海拔1000～2500 m山区谷地的杂木林中。

本种树姿优美，宜作为庭园观赏树种；木材可制作家具等。

树 皮

树形

化香树（花龙树、山麻柳）
Platycarya strobilacea Sieb. et Zucc.

　　胡桃科化香树属落叶小乔木，高 4～6 m；树皮灰色，枝条暗褐色。奇数羽状复叶互生，长 15～30 cm，叶柄较叶轴短，小叶 7～23，无柄，长 4～12 cm，表面无毛。花单性，雌雄同株，柔荑花序直立；雄花序 3～15 集生于枝顶；雌花序单生或 2～3 集生，有时雌花序位于雄花序下部。果序卵状椭圆形至长椭圆状圆柱形、长椭圆形；小坚果扁平，有 2 狭翅。花期 5～6 月；果期 10 月。

　　产于我国华东、华中、华南、西南广大地区；生于海拔 1300～2000 m 以下的山区、疏林灌丛中。

　　本种果皮及树皮富含单宁，可提制栲胶；根及叶可入药；可作为核桃的砧木；木材可供家具、车厢、农具、工具柄等用。

果枝

树形

天然林景观

雄花序

树皮

桦木科 BETULACEAE

辽东桤木（水冬瓜） *Alnus sibirica* Fisch. ex Turcz.

　　桦木科桤木属落叶乔木，高达15 m；树皮灰褐色，光滑。小枝褐色至灰褐色。叶片近圆形或倒卵状圆形，长4～9 cm，先端圆，基部楔形或近圆形，边缘具缺刻状浅裂，表面疏被长柔毛，背面脉腋常有簇生毛，侧脉5～10对。花单性同株；雄花序生于当年生枝顶端，圆柱形，花被4片；雌花序单生或腋生，无花被。果序球形或矩圆形；果苞木质，长3～4 mm，顶端圆，具5浅裂；小坚果宽卵形，长约3 mm，果翅极窄，宽为果的1/2。花期5月；果期8～9月。

　　产于我国东北及山东等地；生于海拔200～1500 m的山坡林中。

　　本种木材黄白色，可供建筑、家具、乐器等用；烧制成木炭可制黑色火药。

树形

风桦（硕桦、黄桦）
Betula costata Trautv.

　　桦木科桦木属落叶乔木，高达30 m；树皮黄褐色或灰褐色，大片剥落。小枝红褐色或褐色，密或疏被黄色腺体，稍被毛，有密集的白色长圆形皮孔。叶片卵圆形或长卵形，长3.5～7 cm，先端尾尖或渐尖，基部心形或圆形，边缘具细尖重锯齿，表面幼时被毛，具疏或密腺点，沿脉被长柔毛。果序单生，矩圆形，果序柄短，疏被短柔毛或腺体；果苞长0.5～0.8 cm，侧裂片近卵形，长为中裂片的1/3；小坚果倒卵形，膜质苞片为果的1/2或与果近等宽。花期5月；果期8～9月。

　　产于我国东北、内蒙古、河北及北京；生于海拔1600 m以上山的阴坡或半阴坡。常与落叶松、红桦混生。

　　本种木材宜作为支柱和一般板材。

叶枝

树

天然林景观

叶 枝

树 形

岳桦

Betula ermanii Cham.

桦木科桦木属落叶乔木，高达 20 m；树皮灰白色，大片脱落。叶片三角状卵形至卵形，长 2～7 cm，先端急尖或渐尖，基部圆形、圆截形、宽楔形或近心形，边缘具重粗锐锯齿，表面疏生毛，背面无毛，密生腺点，侧脉 8～12 对；叶柄长 1～2.4 cm。果序直立，单生，矩圆形或矩圆柱形，长 1.5～2.7 cm，直径 0.8～1.5 cm；果苞长 5～8 mm，边缘密生长纤毛，中裂片倒披针形或披针形，侧裂片矩圆形，较中裂片稍短；翅果倒卵形或长卵形，膜质翅较果窄 1/3～1/2。花期 5～6 月；果期 9 月。

产于我国东北及内蒙古东部；生于海拔 1000～1800 m 的山间溪边湿地或阴坡杂木林中。

木材坚硬，可作为建筑、器具、枕木等用材；木材和叶可药用；叶还可做染料。

树形

壳斗科 FAGACEAE

青冈（青冈栎）
Cyclobalanopsis glauca (Thunb.) Oerst.

壳斗科青冈属常绿乔木，高达20 m，胸径约1 m。叶螺旋状互生，革质，倒卵状椭圆形或长椭圆形，长6～13 cm，顶端渐尖或短尾状，基部圆形或宽楔形，中部以上有疏锯齿，侧脉明显，背面有整齐平伏白色单毛，老时脱落。花单性，雌雄同株，花被通常5～6深裂；雄花为柔荑花序，雌花序穗状，雌花单生于花苞内。壳斗碗形，包坚果1/3～1/2；坚果卵形、长卵形或椭圆形。花期4～5月；果期10月。

产于陕西、甘肃、江苏、安徽、浙江、江西、福建、云南、西藏等地；生于海拔60～2600 m的山坡或沟谷。

本种木材坚韧，可作为柱桩、车船、工具柄等用材；种子含淀粉，可制作饲料、酿酒；树皮、壳斗可提制栲胶。

果枝

树皮

树 形

果 枝

天然林景观

高山栎

Quercus semicarpifolia Smith

　　壳斗科栎属常绿乔木，高达 30 m；幼枝被星状毛，后脱落。叶互生，革质，长椭圆形或卵形，长 5～12 cm，先端圆钝，基部浅心形，全缘或具锐齿，表面无毛或疏被星状毛，背面具棕色粉状物及星状毛。花单性，雌雄同株；雄花为柔荑花序，下垂，生于叶腋，花被 4～7 裂；雌花序穗状，雌花单生于花苞内，花被 5～6 深裂。壳斗杯形或碟形；坚果卵形或椭圆形。花期 3～4 月；果期 10～11 月。

　　产于西藏波密、古隆、错那、聂拉木及四川西部；生于海拔 2600～4300 m 的山坡、山谷栎林中，有时与石楠类、圆柏类混生。

　　本种为高档硬木家具、木制工艺品的重要原料；树皮、壳斗含鞣质，可提制栲胶。

叶 枝

天然林景观

花 枝

树 皮

树 形

果 枝

夏栎 *Quercus robur* L.

　　壳斗科栎属落叶乔木，高达40 m。小枝无毛，冬芽卵形，紫红色。叶片倒卵形或椭圆形，长6～20 cm，先端圆钝，基部略呈耳形，有深浅不等的圆钝锯齿，侧脉6～9对，背面粉绿色。花单性同株；雄花序下垂，花被4～7裂；雌花序长4～10 cm，花被5～6裂。壳斗钟状，包果基部约1/5；坚果椭圆形，无毛，果脐内凹。花期4～5月；果期9～10月。

　　原产于欧洲。我国北京、山东、新疆等地有栽培。

　　本种木材坚硬，可作为建筑、桥梁、车辆用材；种子含淀粉、鞣质、蛋白质、油脂，供食用和工业用。

叶 枝

树 形

树 皮

榆科 ULMACEAE

蒙古黄榆（大果榆、毛榆、黄榆）

Ulmus macrocarpa var. *mongolica*
Liou et Li

　　榆科榆属落叶乔木，高达 10 m；树皮灰黑色或灰褐色，浅纵裂。1～2 年生枝黄褐色或灰褐色，有时具扁平木栓翅。叶厚革质，宽倒卵形、倒卵状圆形或倒卵形，长 4～9 cm，先端短尾尖、急尖或渐尖，基部心形、圆形或楔形。花 5～9 朵腋生，两性，花被 5 浅裂，边缘具长毛。翅果倒卵形、近圆形或宽椭圆形，果核位于翅果中部。花期 4 月；果期 5～6 月。

　　产于黑龙江、吉林、辽宁、河北、内蒙古、河南、陕西、青海等地；生于海拔 700～1800 m 的山区、谷地、固定沙地或岩石缝中。

　　本种木材致密、坚硬，可制车辆和器具；树皮纤维柔韧，可制绳及造纸；种子可榨油，供医药及工业用。

叶 枝

树 形

脱皮榆（沙包榆）
Ulmus lamellosa T. Wang et S. L. Chang ex L. K. Fu

榆科榆属落叶小乔木，高达 12 m；树皮灰色或灰白色，不规则薄片状脱落。幼枝密生伸展的腺状毛或柔毛。叶倒卵形，长 5～10 cm，先端尾尖或骤尖，基部楔形或圆形，稍偏斜，表面粗糙，背面微粗糙，兼有单锯齿或重锯齿。花两性，与叶同放，聚伞花序呈簇生状。翅果圆形至近圆形，顶端凹，果核位于翅果中部，宿存花被钟形，被短毛；果柄长 3～4 mm，被毛。花期 4 月；果期 5 月。

产于河北清东陵、涞水、丰宁，河南济源，山西等地；生于海拔 1000～1400 m 的向阳山坡，常与桦木混生。辽宁、北京有栽培。中国特有，易危 VU，被列入《中国物种红色名录》。

本种的木材可作为建筑、家具、车辆用材。

树 皮

树 皮

孤植景观

叶 枝

桑科 MORACEAE

川桑

Morus notabilis Schneid.

　　桑科桑属落叶乔木，高达 15 m；树皮暗褐色，芽无毛。叶卵圆形或近圆形，长 7～15 cm，先端短尖或钝，基部心形，表面略粗糙，背面沿脉疏被细毛，具三角形锐齿，基生脉三出，侧脉 4～6 对。雌雄异株；雄花序长 4～5 cm；雌花序生于叶腋。聚花果圆柱形，长 3～5 cm，白色，总梗长 3～5 cm。花期 4～5 月；果期 5～6 月。

　　产于四川、云南；生于海拔 1300～2800 m 的常绿阔叶林中，在云南海拔 1000 m 以下地带为高山榕、毛麻楝林内的主要落叶树种。

　　本种树冠宽阔，枝叶茂密，秋季叶色变黄，颇为美观，能抗烟尘及有毒气体，适于城市、工矿区及农村"四旁"绿化。

树 形

波罗蜜（木波罗）*Artocarpus heterophyllus* Lam.

　　桑科波罗蜜属常绿乔木，高达 20 m，胸径约 50 cm，有乳汁；老树常有板根，树皮厚，纵裂。小枝无毛，托叶痕环状。叶螺旋状排列，椭圆形或倒卵形，先端尖，基部楔形，全缘，有光泽，侧脉 6～8 对。花序生于老茎或短枝上，雄花序有时生于枝顶。聚花果生于树干上，成熟时极大，长 25～60 cm，表面有六角形的瘤状突起；瘦果长椭圆形，长约 3 cm。花期 2～3 月；果期 7～8 月。

　　原产于印度。我国云南、广东、广西、海南、台湾，厦门、福州等地有栽培。

　　花被肉质香甜可食，种子富含淀粉，可煮熟后食用，果可生食或作为菜肴；叶供药用，有消肿解毒的功效；木材黄色、坚硬，可制作家具；木屑可作为黄色染料。

果 枝

树 形

树 形

片植景观

果 枝

群植景观

面包树（面包果树）

Artocarpus communis Forst.

　　桑科波罗蜜属常绿乔木，高达15 m。叶卵状椭圆形或卵形，长10～50 cm，常3～8羽状裂，裂片披针形，先端渐尖，全缘，两面无毛；托叶披针形或宽披针形。花单性，雌雄同株，花序单生于叶腋；雄花序长约15 cm。聚花果倒卵形或近球形，绿色至黄色，具圆形瘤状突起，熟时黑色至褐色，内面为乳白色肉质；瘦果，椭圆形或圆锥形。

　　原产于太平洋群岛。我国海南、广东、云南、台湾等地有栽培。

　　本种的熟果含葡萄糖、维生素A、维生素B，营养价值高，可烘烤、蒸煮或油煎，味如面包，还可加工成多类布丁；木材可作为建筑等用材。

果枝

树形

花序

树形

叶枝

见血封喉
（加布、箭毒木、大药树）
Antiaris toxicaria (Pers.) Lesch.

桑科见血封喉属常绿乔木，高达45 m，胸径约 1.5 m；具大板根；树皮粗糙，灰色。幼枝被毛。叶椭圆形或披针形，长 7～19 cm，先端短渐尖，基部浅心形或圆形，稍不对称，表面疏被长粗毛，背面幼时密被长粗毛，侧脉 10～13 对；叶柄被长粗毛；托叶早落，披针形。雌雄同株；雄花序头状，雄花花被 4(3) 裂，匙形；雌花单生，无花被。果梨形，熟时鲜红色至紫色，直径约 2 cm。花期 3～4 月。

产于云南、广东、广西、海南；生于海拔 600～1000 m 的低山、丘陵、山麓的混交林和半常绿热带季雨林中。易危 VU，被列入《中国物种红色名录》。

本种树液有剧毒，可制毒箭狩猎用；药用可作为肌肉松弛剂；其茎皮纤维韧性较大，可制绳索和麻袋。

板状根

高山榕（大叶榕、大青树）
Ficus altissima Blume

　　桑科榕属常绿乔木，高达35 m，胸径90 cm。叶厚革质，宽卵形或宽卵状椭圆形，长10～19 cm，先端钝尖，基部宽楔形，全缘，侧脉5～7对；托叶厚革质，被灰色绢毛。雌雄同株，花小，生于中空的肉质花托内，形成隐头花序。果卵圆形，成对生于叶腋，直径1.5～1.9 cm，包于早落风帽状苞片内，熟时红色或带黄色，顶部脐状突起；基生苞片脱落后杯状；瘦果被瘤点。花期春夏。

　　产于海南、广西、云南；生于海拔500～1600 m的山地、河谷、林中、林缘。

　　本种树冠庞大，枝繁叶茂，气生根落地增粗成支柱根，常形成"独木成林"的热带景观，最适宜在华南地区作为行道树及遮阳树。

果枝叶

树　形

行道树景观

气生根景观

树 形

大果榕
（大无花果、馒头果）
Ficus auriculata Lour.

桑科榕属常绿乔木，高达 10 m，胸径约 15 cm。幼枝被柔毛，中空。叶宽卵状心形，长 15～55 cm，先端短钝尖，基部心形，具整齐锯齿，表面中脉及侧脉疏被柔毛，背面被柔毛，基生叶脉 5～7；叶柄粗，长 5～8 cm；托叶三角状卵形，紫红色，被柔毛。果梨形、扁球形或陀螺形，簇生于树干基部或老茎短枝上，具 8～12 条纵棱，红褐色；柄粗，被柔毛；顶生苞片宽三角状卵形，呈莲座状，基生苞片 3。花期 9 月至翌年 4 月；果期 5～8 月。

产于广东、海南、广西、云南、贵州；生于低山、沟谷、潮湿地带。

本种栽培可供观赏；果红褐色，为食品中的上品；嫩叶可作为蔬菜。

叶 枝

果 枝

果 枝

丛植景观

垂枝榕（细叶榕、垂叶榕）
Ficus benjamina L.

　　桑科榕属常绿乔木，高达20 m，胸径约50 cm。小枝下垂。叶卵形或卵状椭圆形，长4～8 cm，先端骤尖，基部圆或楔形，全缘，无毛，叶脉平行，直达叶缘；叶柄上面具沟槽，长1～2 cm；托叶披针形。果球形或卵球形，平滑无柄，成对或单生于叶腋，熟时红色或黄色，直径0.8～1.2 cm；基生苞片不明显；瘦果卵状肾形。花期8～11月。

　　产于广东、海南、广西、贵州、云南；生于溪边湿润常绿阔叶林中。在云南东南部文山州海拔1000 m以下的干热河谷，垂枝榕与木棉、楹树、无忧花、西南猫尾树等混生成林。极危CR，被列入《中国物种红色名录》。

　　本种枝繁叶茂，成年树长有大量气生根，庭园栽培可供观赏。

树 形

造 型

花叶垂榕
Ficus benjamina 'Golden Princess'

桑科榕属常绿灌木，高1～2m。分枝较多，小枝柔软下垂。叶互生，革质，密集，倒卵形，淡绿色，叶脉及叶缘具不规则浅黄色斑块。

原产于印度、马来西亚等热带地区。我国华南、西南庭园广泛栽培。

本种枝叶茂密，全年常绿，叶色艳丽，适合盆栽观赏。

造 型

叶 枝

树 形

丛植景观

树 皮

盆栽

叶 枝

斑叶垂榕

Ficus benjamina 'Variegata'

桑科榕属常绿灌木，叶绿色，叶面镶嵌不规则乳黄白色斑纹。

原产于亚洲热带地区。我国华南地区广泛栽培。北方宜盆栽，在室内越冬。

本种可作为庭园绿化树种，也可用于制作盆景。

树形

造 型

黄金垂榕 (金叶榕)
Ficus benjamina 'Golden Leaves'

　　桑科榕属常绿乔木或灌木，高达 30 m。枝具下垂须状气生根。叶椭圆形，长 5～15 cm，先端尖，边缘呈波浪状，金黄色至黄绿色。

　　原产于亚洲南部及东南亚、澳洲北部。我国华南广泛栽培。北方宜盆栽，在室内越冬。

　　本种枝叶茂密，叶色艳丽，耐修剪，适于庭园绿化观赏，还可用于制作盆景。

造 型

树 形

叶 枝

绿篱景观

叶 枝

果 枝

树 形

无花果（映日果、蜜果）

Ficus carica L.

　　桑科榕属落叶乔木，高达 12 m，常呈灌木状，多分枝；树皮灰褐色，皮孔明显。小枝粗壮、直立。叶卵圆形，长 10～20 cm，常 3～5 裂，裂片卵形，具不规则钝齿，表面粗糙，背面密被细小钟乳体及黄褐色柔毛，基部浅心形，基生叶脉 3～5；叶柄粗，红色。果梨形，单生于叶腋，熟时紫红色或黄色；基生苞片卵形。果期 8～9 月。

　　原产于地中海地区及西南亚。我国南北各地均有栽培，长江以南及新疆南部较多。喜温暖湿润气候，不耐严寒。

　　本种可庭园栽植、盆栽供观赏；果可食，富含葡萄糖和胃液素，能助消化，并可治咳喘、咽喉肿痛、便秘、痔疮；根及叶治肠炎、腹泻，外敷能消肿解毒。

钝叶榕 *Ficus curtipes* Corner

桑科榕属乔木，幼时多附生。小枝绿色，无毛。叶厚革质，长椭圆形或倒卵状椭圆形，长 10 ～ 16 cm，先端钝圆形，基部窄楔形，全缘；叶柄粗，长 1.5 ～ 2 cm；托叶披针形或卵状披针形。果成对腋生，无柄，球形或椭圆形，熟时深红色或紫红色；内具卵圆形小瘦果，被瘤点及黏膜层。花、果期 9 ～ 11 月。

产于云南南部；生于海拔 700 ～ 1350 m 的石灰岩山地。

本种枝叶茂密，冠大荫浓，宜作为庭荫树或行道树，也可孤植于草坪或空旷地作为观赏树。

孤植景观

果枝

树形

树 形

枕果榕 *Ficus drupacea* Thunb.

　　桑科榕属常绿乔木，高达 15 m；树皮灰白色；具少数气生根，幼嫩部分被黄褐色卷毛。叶革质，长椭圆形或倒卵状椭圆形，基部渐狭成圆形或浅心形，微耳状，全缘或波状；叶柄粗；托叶披针形。榕果成对腋生，卵状长椭圆形，光滑，熟时橙红色，有白斑，顶部脐状突起，基生苞片 3，圆形，具睫毛；瘦果近球形，被小瘤点。花期为初夏。

　　产于广东、广西、海南等地。

　　本种枝叶茂密，可作为行道树或遮阴树；根和果实奇特，是良好的观根、观果树种。

树皮和板状根

叶 枝

印度榕（橡皮树、印度橡皮树）*Ficus elastica* Roxb.

桑科榕属常绿乔木，高达 30 m，胸径约 40 cm；树皮灰白色，平滑。叶厚革质，长椭圆形或椭圆形，长 8～30 cm，先端尖，基部宽楔形，全缘，侧脉平行，托叶膜质，长达 15 cm，深红色。榕果卵状长圆形，成对腋生，黄绿色，基生苞片风帽状，脱落后基部有一环状体；瘦果卵形，被小瘤点。花期 11 月。

原产于印度、缅甸。我国台湾、广东、海南、广西、四川、云南等地有栽培。北方宜盆栽，在室内越冬。

本种为大型常绿观叶植物，终年碧绿常青，美观大方，是常见的庭园树和盆栽观赏植物；其树液可提制硬橡胶，用途与杜仲胶相似。

盆栽

叶枝

树形

孤植景观

行道树景观

孤植景观

叶枝

树形

花叶橡皮树

Ficus elastica 'Variegata'

桑科榕属常绿乔木。叶片较小，先端渐尖，表面乳白色，有乳黄色和灰绿色的不规则条纹和斑纹。

原产地同印度榕。我国华南有栽培。北方盆栽，在室内越冬。

本种为庭园观赏树种，也可用于制作盆景。

树 形

树 皮

叶 枝

果 枝

对叶榕 *Ficus hispida* L. f.

桑科榕属小乔木或灌木,被糙毛。叶对生,卵状长椭圆形或倒卵状长圆形,长 10～25 cm,全缘或具锯齿,先端尖,基部圆形或楔形,被短粗毛;叶柄长 1～4 cm,被短粗毛;托叶卵状披针形。榕果腋生,陀螺形,熟时黄色,疏被数枚侧生苞片。花期 6～7 月。

产于广东、海南、广西、云南、贵州;生于沟谷潮湿地带。北方多盆栽,在室内越冬。

本种为观赏树种,常栽培于庭园。

菩提树 *Ficus religiosa* L.

　　桑科榕属乔木，高达 25 m，胸径约 2 m；树皮灰色，粗糙不裂。冠幅广展；幼枝被柔毛。叶革质，三角状卵形，长 9～17 cm，先端尾尖，基部浅心形或平截，全缘或波状，基生三出脉；叶柄细，具关节，与叶片等长或长于叶片；托叶小，卵形。果实成对腋生，无柄，扁球形，熟时紫黑色；基生苞片 3。花期 4～6 月；果期 7～9 月。

　　产于广东、云南；生于海拔 400～600 m 的平原或村寨附近，云南南部有由菩提树和高山榕、木棉组成的混交林。

　　本种为庭园观赏树种；木材浅褐色或栗褐色，轻软，不耐腐，可作为家具、砧板、箱板等用材。

树 形

果 枝

叶 枝

树 皮

树形

板状根

造型

果枝

造型

榕树 *Ficus microcarpa* L. f.

　　桑科榕属常绿乔木，高达25 m，胸径约2 m。树冠庞大，枝叶茂密，枝具下垂须状气生根。叶椭圆形至倒卵形，长4～10 cm，先端钝尖，基部楔形，侧脉3～10对；叶柄长0.5～1 cm；托叶披针形，无毛。雌雄同株，花间有少数短刚毛。榕果成对腋生，近扁球形，熟时黄色或微红色。花期5～6月；果期10月。

　　产于浙江、福建、台湾、广东、海南、广西、云南、贵州；生于台地和丘陵，是半常绿热带季雨林的组成树种之一。喜温热多雨气候。

　　本种为南方行道树和遮阴树种，在北方盆栽供观赏；木材轻软，纹理不匀，易腐朽，可做薪炭材；树皮、叶、气生根可入药。

树 皮

孤植树（气生根）

树 形

树墙造型

树墙造型

果 枝

聚果榕 *Ficus racemosa* L.

　　桑科榕属乔木，高达 30 m，胸径约 90 cm；树皮灰褐色，平滑。幼枝、嫩叶及果被平伏毛。叶椭圆形或长椭圆形，长 10～14 cm，宽 3.5～5 cm，先端渐尖，基部楔形，全缘；叶柄长 2～3 cm；托叶卵状披针形，被微柔毛。榕果聚生于老茎瘤状短枝上，稀成对生于叶腋，梨形，熟时橙红色。花期 5～7 月。

　　产于广西、贵州、云南；生于溪边、低湿地。

　　本种为庭园观赏树种；榕果味甜可食；为紫胶虫良好的寄生树；木材可制作家具等。

树 形

花枝

山龙眼科 PROTEACEAE

银桦 *Grevillea robusta* A. Cunn. ex R. Br.

山龙眼科银桦属常绿乔木，高达25 m；树干端直，树皮浅纵裂。小枝、芽及叶柄密被锈褐色或灰褐色粗毛。叶互生，长5～20 cm，二回羽状深裂，边缘反卷，表面深绿色，背面密被银灰色丝状毛。总状花序，常集成圆锥状，花常偏生于花序轴一侧；无花瓣；萼片花瓣状，橙黄色。蓇葖果；种子有翅。花期4～5月；果期6～8月。

原产于大洋洲。我国福建、广东、海南、广西、台湾、云南、贵州、四川等地有栽培。

本种宜作为城市行道树；木材淡红色，粗硬，有弹性，纹理美，耐腐朽，易加工，可作为建筑、家具、雕刻等用材。

行道树景观

叶枝

树形

树皮

檀香科
SANTALACEAE

檀香 *Santalum album* L.

檀香科檀香属常绿小乔木，高达10 m。小枝细长，淡绿色，节间稍肿大。叶椭圆状卵形或卵状披针形，长4～8 cm，宽2～4 cm，顶端锐尖，基部楔形或阔楔形，边缘波状，背面有白粉。三歧聚伞圆锥花序腋生或顶生，长2.5～5 cm，苞片2，位于花序基部，钻状披针形；花被管钟状，裂片卵状三角形，花柱长约3 mm，深红色，柱头浅3(4)裂。核果长1～1.2 cm，直径约1 cm，成熟时深紫红色至紫黑色。花期5～6月；果期7～9月。

原产于太平洋岛屿。我国广东、台湾有栽培。

本种边材白色，无气味，心材黄褐色，有强烈香气，是贵重的药材和名贵的香料，并为雕刻工艺的良材。

树形

叶枝

叶枝

花　枝

固沙林景观

叶　枝

苗　圃

植　株

蓼科 POLYGONACEAE

沙木蓼 *Atraphaxis bracteata* A. Los.

　　蓼科木蓼属灌木，高 1～2 m；树皮剥落。新枝淡褐色。叶互生，圆形、卵形或宽椭圆形，长 1～3 cm，宽 1～2 cm，无毛，两面网脉明显；叶柄长 1.5～3 mm；托叶鞘膜质。花少数，生于 1 年生枝上部，每 2～3 朵花生于 1 苞叶内呈总状花序；花粉红色，花被片 5，两轮，外轮肾状圆形，内轮卵圆形；雄蕊 8。瘦果卵形，具 3 棱，暗褐色。花、果期 6～9 月。

　　产于内蒙古、宁夏、甘肃、陕西、青海；生于海拔 1000～1500 m 的流动、半固定沙丘。

　　本种为优良固沙及饲用树种。

固沙林景观

头状沙拐枣
Calligonum caput-medusae Schrenk

　　蓼科沙拐枣属灌木，高2～5m。老枝淡灰色或淡黄灰色，分枝多，开展，当年枝绿色，节长2～4cm。叶线形，长约2mm。花2～3朵腋生；花被片卵圆形，紫红色，有淡色宽边，果期反折。瘦果近球形，每肋密生2行的刺毛，基部稍扩大，分离或部分结合，中下部有2～3次很细的叉状分枝，末端分枝稍硬，刺毛状，不易折断，成熟时淡褐色，完全遮盖瘦果。花期4～5月，果期5～6月。二次花、果期8～9月。

　　原产于中亚。我国内蒙古、甘肃、新疆广泛栽培。

　　本种为固沙植物，适宜在流动沙丘处生长。

植株

果枝

植 株

固沙林景观

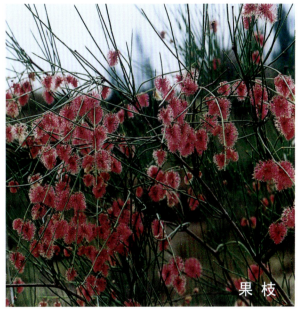

果 枝

心形沙拐枣　*Calligonum cordatum* E. Kor. ex N. Pavl.

　　蓼科沙拐枣属灌木，高达2m。分枝疏散，老枝灰黄色，幼枝淡绿色。花2～3朵腋生；花被片果期反折。果连翅和刺呈心状卵形或卵圆形，淡黄色或红黄色，长1.3～1.8cm，直径1.5～1.6cm，瘦果长圆形，长8～9mm，直径4～5mm，微扭曲；肋突出，具膜质翅，稍有光泽，宽2～3.5mm，基部近心形，有淡黄色网纹，边缘整齐，长与翅宽近相等，不分枝或二叉分枝。花期4～5月；果期5～6月。

　　产于新疆；生于海拔500～600m的沙丘。

　　本种为流动沙丘的造林树种。

果 枝

植 林

果 枝

沙拐枣

Calligonum mongolicum Turcz.

蓼科沙拐枣属灌木，高达 1.5 m。老枝灰白色或黄灰色。分枝短，呈 "之" 字形弯曲。叶线形，长 2～4 mm。花 2～5 朵簇生于叶腋；花被片 5 深裂，卵圆形，淡红色或白色，果期开展或反折。瘦果直或稍扭曲，椭圆形，每肋有 2～3 行刺；刺毛很细，易断落，刺毛互相交织。花期 5～7 月；果期 6～8 月。

产于内蒙古西部、宁夏、甘肃西部和新疆东部；生于黏土、砾石地或沙地。喜光，耐旱，抗高温，耐盐碱，耐风蚀，抗沙埋。

本种为优良固沙植物；嫩枝可作为饲料。

花 枝

藜科
CHENOPODIACEAE
梭梭
Haloxylon ammodendron (C. A. Mey.) Bunge

　　藜科梭梭属小乔木,高达9m;树皮灰白色。老枝灰褐色或淡黄褐色,通常具环状裂隙;当年生枝细长,斜生或弯垂。叶鳞片状,宽三角形,稍开展,先端钝,腋间具棉毛。花着生于2年生枝条的侧生短枝上;小苞片舟状,宽卵形,与花被近等长,边缘膜质;花被片矩圆形,先端钝,翅状附属物肾形至近圆形,翅以上部分稍内曲并包围果。胞果黄褐色,果皮不与种子贴生;种子黑色,直径约2.5mm。花期5～7月;果期9～10月。

　　产于宁夏西北部、甘肃西部、青海北部、新疆、内蒙古等地;生于沙丘、盐碱土荒漠、河边沙地等处。易危VU,被列入《中国物种红色名录》。

　　本种有固定沙丘作用,是沙丘的造林树种;木材可作为燃料。

苗 圃

果 枝

固沙林景观

植 株

植 株

花架景观

花篱景观

植 株

花架景观

花枝

花篱景观

盆栽景观

紫茉莉科
NYCTAGINACEAE

叶子花

Bougainvillea spectabilis Willd.

　　紫茉莉科叶子花属常绿攀缘灌木。枝有刺，常拱形下垂，密生柔毛。单叶互生，卵形或卵状椭圆形，长5～10 cm，先端渐尖，基部楔形，密生柔毛；叶柄长1～2.5 cm。花顶生，常3朵簇生，各具1枚叶状大苞片，鲜红色，椭圆形，长约3 cm；花被筒状，绿色，5～6裂。瘦果。花期6～12月。

　　原产于巴西。现我国各地均有栽培。

　　本种枝下垂，叶常绿，花鲜艳，常作为盆景栽培；也可作为绿篱或在庭园栽培供观赏。

造型

花枝

植株

花果枝

毛茛科
RANUNCULACEAE

甘青铁线莲
Clematis tangutica
(Maxim.) Korsh.

毛茛科铁线莲属落叶藤本，长 1～4 m。幼茎被长柔毛，后脱落。一回羽状复叶，小叶 5～7，基部常浅裂、深裂或全裂，中裂片卵状长圆形、狭长圆形或披针形，长 2～5 cm，宽 0.5～1.5 cm，基部楔形，边缘有不整齐缺刻状锯齿，背面疏被长毛。花单生，有时为 3 花聚伞花序腋生，花序梗粗壮，有柔毛；萼片 4，黄色外面带紫色，狭卵形、椭圆状长圆形，外面边缘有短绒毛；雄蕊有柔毛。瘦果倒卵形，宿存花柱长达 4cm。花期 6～9月；果期 9～10 月。

产于新疆、西藏、四川西部、青海、甘肃南部和东部、陕西；生于高原草地或灌丛中。

本种可健胃、消食，治消化不良、恶心，并有排脓、除疮消痞块等功效。

果 枝

列植景观

花 枝

小檗科 BERBERIDACEAE

南天竹 *Nandina domestica* Thunb.

　　小檗科南天竹属常绿灌木，高达3m。茎干少分枝，无毛。二至三回羽状复叶，长25～50cm，基部常有抱茎的鞘，小叶对生，全缘，革质，椭圆状披针形，长3～10cm，先端渐尖，基部楔形，两面光滑无毛。圆锥花序顶生，直立，长20～35cm，花白色；雄蕊6，离生；子房1室，胚珠2。浆果球形，成熟时鲜红色，直径5～8mm，含2枚种子。花期5～7月；果期9～11月。

　　产于陕西、江苏、浙江、安徽、江西、湖南、湖北、福建、广东、广西、四川、贵州、云南；生于海拔1200m以下的疏林下及灌丛中。

　　本种茎干丛生，树姿雅致，秋冬叶色变红，而且累累红果经久不落，为优良观赏植物；全株含多种生物碱，可供药用。

植 株

天然林景观

果 枝

植 株

拉萨小檗

Berberis hemsleyana Ahrendt

　　小檗科小檗属落叶灌木，高1～2m。幼枝淡红色，老枝淡灰红色；枝上有3分叉的粗刺，长1～3cm。叶倒披针形，长1～2.5cm，宽5～7mm，全缘或每边具1～3刺状小锯齿。总状近伞形花序腋生，长1～2.5cm，具花4～8朵；花黄色，外轮萼片椭圆形，长约5mm，宽约2.8mm，内轮萼片倒卵形，长约5.5mm，宽约4mm；花瓣狭倒卵形，长约4.8mm，宽约2mm。浆果长圆形，稍被白粉。花期5月；果期7～8月。

　　产于西藏雅鲁藏布江中游地区；生于海拔3600～4400m的山坡灌丛中或草坡、石缝、地边。喜光，耐干旱瘠薄，适应性强。

　　本种为园林绿化树种；根、皮药用，可提制黄连素。

叶 枝

豪猪刺（蚝猪刺）

Berberis julianae Schneid.

　　小檗科小檗属常绿灌木，高达 2 m。幼枝有条棱，黄色，微有黑色疣点状突起；茎刺粗，3 分叉。叶革质坚硬，长圆形或长圆状披针形，长 3.5 ～ 10 cm，边缘稍向下反卷，每边有芒刺小齿 10 ～ 20，背面浅绿色，无白粉。花 10 朵至更多簇生。浆果长圆形，蓝黑色，被白粉，花柱宿存。花期 3 月；果期 5 ～ 11 月。

　　产于湖北、湖南、贵州、广西、四川；生于海拔 1100 ～ 2100 m 的山坡、沟边、林缘、灌丛或竹林内。

　　本种在园林中可与假山配植；根可作为黄色染料；根部含小檗碱及其他多种生物碱，可供药用。

果 枝

植 株

植 株

掌刺小檗（朝鲜小檗）
Berberis koreana Palib.

小檗科小檗属落叶灌木，高 90 ～ 120 cm。幼枝绿色，老枝暗红色，具棱无疣点；刺掌状 3 ～ 7 裂，明显呈叶状。叶椭圆形或倒卵状椭圆形，长 6.5 ～ 10 cm，先端圆钝，基部收缩成柄，边缘具刺状锯齿，背面灰色有粉；叶柄长 0.5 ～ 1 cm。总状花序长 4 ～ 6 cm；小苞片卵圆形；萼片 6；花瓣倒卵形，长 4 ～ 5 mm；雄蕊长约 4 mm；胚珠 1 ～ 2。浆果红色，近球形，有光泽。花期 6 ～ 7 月；果期 8 ～ 9 月。

产于河北承德坝下、山西五寨县（店坪），北京景山公园有栽培；生于海拔 1900 m 以下的高山阳坡或疏林下。

本种为园林栽培观赏树种；又是山区阳坡水土保持树种。

果 枝

果 枝

日本小檗（小檗）　*Berberis thunbergii* DC.

　　小檗科小檗属落叶灌木，高达3m。幼枝紫红色，老枝灰棕色或紫褐色，有槽；刺细小单一，稀3分叉。叶菱形，倒卵圆形或矩圆形，长0.5～2cm，顶端钝圆形或圆形，有时具细小短尖头，基部急狭呈楔形，全缘，表面暗绿色。花序伞形或近簇生，有花2～5朵，稀单生，黄白色；小苞片3，卵形；萼片6，花瓣状，排成两轮；花瓣6，倒卵形；雄蕊6；胚珠2。浆果长椭圆形，熟时红色，有宿存花柱；种子1～2。花期4～6月；果期7～10月。

　　原产于日本。我国各地广泛栽培。喜光，稍耐阴，在中性或微酸性深厚土壤上生长良好。

　　本种为园林绿化或绿篱树种；根和茎可供药用，枝叶煎汁可治眼疾。

果 枝

花 枝

植 株

丛植景观

花枝

植株

十大功劳
Mahonia fortunei (Lindl.) Fedde

小檗科十大功劳属常绿灌木，高达 2(4) m。内皮层及木质部黄色，无刺。一回奇数羽状复叶，小叶披针形，薄革质，长 8～12 cm，无柄具关节，叶缘每边具刺齿 6～12。总状花序 4～8 个簇生于枝端，长 3～6 cm，直立；萼片 9，3 轮排列；花瓣 6，2 轮排列；雄蕊 6，花药瓣裂；子房具基生直立的少数胚珠，柱头盾状膨大。浆果球形，熟时蓝黑色，被白粉。花期 7～9 月；果期 9～11 月。

产于浙江、江西、湖北、广西、贵州、四川；生于海拔 350～2000 m 的山坡、沟谷林中、灌丛中、河边。

本种可庭园栽培供观赏；全株药用，有清热解毒、滋补强壮等功效。

植株

阔叶十大功劳
Mahonia bealei (Fort.) Carr.

小檗科十大功劳属常绿灌木，高达4(8)m。少分枝，全体无毛。一回奇数羽状复叶，常集生于枝端，长25～40cm；小叶9～15cm，厚革质，无柄，具关节，宽卵形至狭卵形；顶生小叶最大，边缘每边具缺刻状粗大齿3～6(8)，背面干后常呈绿色，有白粉；总叶柄长，基部抱茎。总状花序3～9个簇生，花有梗；萼片9，3轮排列；花瓣6，2轮排列；雄蕊6，花药瓣裂；柱头盾状膨大。浆果蓝黑色，被白粉。花期9月至翌年1月；果期3～5月。

产于陕西、河南、安徽、浙江、江西、四川；多生于山坡及灌丛中。喜温暖湿润气候。

本种的叶、花、果均具有较高的观赏价值，常植于林缘草地或庭园供观赏；全株入药，有清热解毒、消肿、止泻等功效。

花枝

果枝

木兰科 MAGNOLIACEAE

观光木（观光木兰）*Tsoongiodendron odorum* Chun

　　木兰科观光木属常绿乔木，高达 25 m；树皮淡灰褐色，具深皱纹。小枝被黄棕色糙伏毛。叶片倒卵状椭圆形，长 8～17 cm，先端尖或钝，基部楔形，叶柄长 1.2～2.5 cm。花两性，单生于叶腋；花被片 9，狭倒卵状椭圆形，象牙黄色，有红色小斑点，外轮的最大，向内渐小；雄蕊多数；雌蕊 9～13，离生；花柱钻状，红色。聚合果长椭圆形；种子 4～6，椭圆形或三角状倒卵形。花期 3～4 月；果期 10～11 月。

　　产于福建、江西、广东、海南、云南；生于海拔 500～1000 m 的岩石山地常绿阔叶林中。

　　本种宜作为庭园绿化和行道树种；木材可作为建筑、家具等用材；花可提取芳香油；种子可榨油。

树形

果枝

树皮

果 枝

黄兰 *Michelia champaca* L.

木兰科含笑属常绿乔木，高达 40 m，胸径达 1 m。小枝绿色，被黄色平伏柔毛。叶披针状卵形或披针状长椭圆形，长 10～20(25) cm，先端长渐尖或近尾状渐尖，基部宽楔形或楔形，叶柄长 2～4 cm；托叶痕为叶柄长的 1/2 以上。花单生于叶腋，橙黄色，极香；花被片 15～20，披针形，长 3～4 cm；雄蕊多数；雌蕊群有毛。聚合果长 7～15 cm；蓇葖果倒卵状椭圆形。花期 6～7 月；果期 9～10 月。

产于西藏东南部、云南南部及西南部，福建、海南、台湾、广东、广西有栽培。

本种为著名观赏树种；花可提取芳香油或制作熏茶，也可以浸膏入药；木材轻软，材质优良，是造船、家具的珍贵用材。

树 皮

树 形

叶 枝

树 形

树 皮

白兰（白兰花） *Michelia alba* DC.

　　木兰科含笑属常绿乔木，高达 17 m，树皮灰色。小枝绿色，密被黄白色微柔毛。叶长椭圆形或披针状椭圆形，长 10～27 cm，先端长渐尖或尾状渐尖，基部楔形，背面疏生微柔毛，叶柄长 1.5～2 cm；托叶痕为叶柄长的 1/2 以下。花白色，极香，单生于叶腋；花被片 10 片以上，披针形，长 3～4 cm；雄蕊多数；雌蕊群有微毛。聚合蓇葖果，熟时鲜红色。花期 4～9 月；通常不结实。

　　原产于印度尼西亚爪哇。我国福建、海南、广东、广西、云南等地广泛栽培。

　　本种的花洁白清香，叶色浓绿，可作为园林观赏树种；花可提取香精或制作熏茶，也可提制浸膏供药用；鲜叶可提取芳香油；根皮入药，可治便秘。

花 枝

行道树景观

树 形

庭荫树景观

含笑

Michelia figo (Lour.) Spreng.

　　木兰科含笑属常绿灌木，高2～3m；树皮灰褐色。小枝密被黄褐色绒毛。叶片倒卵形或倒卵状椭圆形，长4～10cm，先端短钝尖，基部楔形或宽楔形，背面中脉常留有黄褐色平伏毛；托叶痕长达叶柄顶端。花被片6，淡黄色，边缘带红色或紫红色，芳香，长椭圆形，长1.2～2cm；雄蕊多数；雌蕊群无毛。聚合果长2～3.5cm；蓇葖果扁卵圆形或扁球形，顶端有短尖的喙。花期3～5月；果期7～8月。

　　产于我国华南南部及广东；生于阴坡杂木林中。

　　本种为园林观赏树种，也可制作盆景；花香甜，花瓣可制作花茶；叶可提取芳香油和入药。

树 形

丛植景观

花 枝

叶 枝

树 皮

树 形

香子含笑
Michelia hedyosperma Law

木兰科含笑属常绿乔木，高 30～40 m，胸径约 60 cm；树皮灰褐色。小枝黑色，老枝浅褐色，疏生皮孔。芽、幼叶、花梗、花蕾均密被绢毛。叶揉碎有八角气味，薄革质，倒卵形或椭圆状倒卵形，长 6～13 cm，先端钝尖，基部宽楔形，两面鲜绿色，有光泽。花蕾长圆形；花白色芳香；花被片 9，3 轮，外轮膜质，条形，内两轮肉质，窄椭圆形。蓇葖果聚生于果轴上部，熟时 2 果瓣向外翻卷，露出白色内种皮；种子 1～4。花期 3～4 月；果期 9～10 月。

产于广西、海南；生于海拔 300～800 m 排水良好的山坡或沟谷中。

本种枝叶浓密，叶色深绿，花气清香，是优良的庭园绿化树种，也可作为行道树；木材纹理直，材质好，可作为家具、建筑、胶合板用材。

片植景观

叶枝

果枝

果枝

深山含笑

Michelia maudiae Dunn

　　木兰科含笑属常绿乔木，高达20 m；树皮浅灰色或灰褐色。小枝被白粉。叶革质，长圆状椭圆形，稀卵状椭圆形，长7～18 cm，先端急窄，短渐尖，基部楔形、宽楔形或近圆钝，表面深绿色，具光泽，叶柄长1～3 cm，无托叶痕。花单生于叶腋，白色，芳香；花被片9，外轮倒卵形，内两轮稍窄小；雄蕊长1.5～2.2 cm；雌蕊群长1.5～1.8 cm。聚合果长10～12 cm；蓇葖果长圆形、倒卵形或卵形，先端圆钝或具短突尖头。花期2～3月；果期9～10月。

　　产于浙江、福建、广西、广东、贵州、湖南；生于海拔500～1500 m的密林中。

　　本种花纯白，叶鲜绿，为观赏树种；木材纹理直，可作为家具、绘图板等用材；花可提取芳香油。

树形

番荔枝科
ANNONACEAE
夷兰
Cananga odorata (Lank.)
Hook. f. et Thoms.

　　番荔枝科夷兰属常绿乔木，高达 20 m，胸径约 60 cm；树皮灰色。叶卵状长圆形、长圆形或长椭圆形，长 10～23 cm，先端尖或渐尖，基部圆形，背面沿叶脉疏被短柔毛，叶柄长 1～1.5 cm。花 2～5 朵簇生于叶腋内或叶腋外；花序梗长 2～5 mm，被短柔毛；萼片 3，卵圆形，绿色，两面被短柔毛；花瓣 6，2 轮，黄绿色，芳香，条形或条状披针形；雄蕊多数；雌蕊离生，心皮多数。果小浆果状，近球形或卵形，黑色。花期 4～8 月；果期 12 月至翌年 3 月。

　　原产于印度、缅甸、印度尼西亚、菲律宾、马来西亚。我国台湾、福建、广东、广西、云南、四川等地有栽培。

　　本种为庭园观赏树种；木材可作为建筑、家具用材；花芳香，可提取高级香精油。

孤植景观

花枝

树形

树形

樟科 LAURACEAE
山鸡椒
Litsea cubeba (Lour.) Pers.

　　樟科木姜子属落叶小乔木，高达 10 m；老树皮灰褐色。小枝绿色，无毛；枝叶具芳香味。叶片披针形或长圆状披针形，长 4～11 cm，先端渐尖，基部楔形，背面粉绿色；叶柄长 0.6～2 cm，无毛。伞形花序，单生或簇生，有花 4～6 朵；花被片宽卵形；花丝中下部有柔毛。浆果状核果近球形，成熟时黑色。花期 2～3 月；果期 7～8 月。

　　产于江苏、安徽、浙江、福建、台湾、江西、广东、广西、云南、贵州、湖南、湖北、四川、西藏；生于海拔 1300～2400 m 的灌丛、林缘及路旁。

　　本种为园林观赏树种；材质中等，耐湿不蛀，可制作小器具；花、叶、果肉可蒸提山苍子油；根、茎、叶、果可入药，具祛风散寒、消肿止疼等功效。

片植景观

叶枝

树　皮

叶　枝

檫木

Sassafras tzumu (Hemsl.)
Hemsl.

　　樟科檫木属落叶乔木，高达 35 m，胸径约
2.5 m；树皮幼时黄绿色，平滑，老时灰褐色，
不规则纵裂。小枝无毛。叶片卵形或倒卵形，
长 9～18 cm，先端渐尖，基部楔形，全缘或 2～3
裂，裂片先端钝，两面无毛或背面沿叶脉疏生毛，
羽状脉或离基三出脉；叶柄无毛或微被毛，长
2～7 cm。花两性，黄色；花被裂片 6，披针形。
浆果近球形，蓝黑色，具白粉。花期 3～4 月；
果期 8～9 月。

　　产于江苏、江西、安徽、湖南、湖北、
广东、广西、云南、贵州、四川；生于海拔
200～1800 m 的山地，多散生于天然林中。

　　本种树形挺拔，秋叶红艳，为观赏树种；
材质优良，可作为于造船、建筑、家具等用材；
种子可制造油漆；根和树皮可入药。

树　形

树形

树皮

果枝

阴香 *Cinnamomum burmannii* (C. G. et Th. Nees) Bl.

　　樟科樟属常绿乔木，高达 20 m，胸径约 80 cm；树皮光滑，灰褐色或黑褐色。小枝无毛。叶片卵形、长圆形或披针形，长 5～12 cm，先端短渐尖，基部宽楔形，背面粉绿色，离基三出脉，叶柄长 0.5～1.2 cm。圆锥花序腋生或近顶生；花绿白色；花被裂片 6，长圆状卵圆形；能育雄蕊 9；子房近球形。浆果卵球形。花期 10 月至翌年 2 月；果期 12 月至翌年 4 月。

　　产于广东、广西、云南、福建；生于海拔 2100 m 以下的林中、灌木丛中或石灰岩山地。

　　本种为优良的行道树和庭园观赏树种；叶、根、皮均能入药，还可提制芳香油；木材可作为建筑、车辆、家具、枕木等用材。

树 皮

列植景观

樟树（香樟）

Cinnamomum camphora (L.) Presl

樟科樟属常绿乔木，高达 30 m，胸径约 5 m；树皮灰黄褐色，纵裂。小枝无毛。叶片卵形或卵状椭圆形，长 6～12 cm，先端尖，基部楔形或近圆形，边缘微波状，背面灰绿色，微有白粉，离基三出脉，背面脉腋具腺窝；叶柄细，长 2～3 cm，无毛。圆锥花序腋生；花绿色或带黄绿色；花被裂片 6，椭圆形。浆果近球形或卵形，黑紫色。花期 4～5 月；果期 8～11 月。

产于台湾、福建、浙江、江西、广东、广西、湖北、湖南、云南；生于海拔 500～1800 m 的低山丘陵或高山。

本种为珍贵树种，木材有香气，可防虫蛀，为造船、箱柜、家具、工艺美术的极好用材；根、干、枝可提制樟脑、樟油；种子可榨油；叶可提制栲胶。

果 枝

树 形

列植景观

列植景观

果枝

野黄桂（桂皮树）

Cinnamomum jensenianum
Hand. -Mazz.

　　樟科樟属常绿乔木，高达6m；树皮灰褐色，枝条曲折，有桂皮香味。小枝无毛，具棱角。叶片披针形或长圆状披针形，长5～10(20) cm，先端尾尖，基部近圆形或宽楔形，离基三出脉，叶柄长0.6～1.2 cm。伞房状花序，具花2～5朵；花白色或黄色；花被裂片6，倒卵圆形，外面无毛，边缘具小纤毛。浆果卵形。花期4～6月；果期7～8月。

　　产于湖北、湖南、江西、福建、广东、贵州、四川；生于海拔500～1600m的山坡常绿阔叶林或竹林中。

　　本种可作为庭园观赏树和行道树种；树皮芳香，可用树皮代桂皮入药，或将其泡酒作为香料。

树皮

树形

树皮

叶枝

银木（香棍子）

Cinnamomum septentrionale
Hand. -Mazz.

樟科樟属常绿乔木，高达25m，胸径约1.5m；树皮灰色，光滑。小枝较粗，具棱脊，被白色绢毛。叶片近革质，椭圆形或椭圆状倒披针形，长10～15cm，先端短渐尖，基部楔形，表面被短柔毛，背面具白色绢毛，侧脉约4对，叶柄长2～3cm。圆锥花序腋生，长约15cm，多花密集，花序轴被绢毛；花被片6，稍长于花被筒，具腺点。浆果球形。花期5～6月；果期7～9月。

产于陕西、湖北、甘肃、四川；生于海拔1500m以下的山谷或山坡。

本种材质优良，有香气，可作为箱柜及建筑用材；根材美丽，可制作根雕，还可提制樟脑；叶可作为纸浆黏合剂。

树形

植株

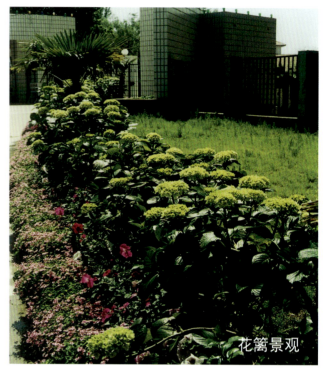

花篱景观

花枝

花枝

虎耳草科
SAXIFRAGACEAE
绣球（八仙花）
Hydrangea macrophylla (Thunb.) Seringe

虎耳草科绣球属落叶灌木，高达4m。小枝粗壮，无毛，有明显的皮孔和叶迹。叶大而有光泽，对生，倒卵形至椭圆形，长7～15cm，先端渐尖，基部宽楔形，边缘除基部外有粗锯齿，两面无毛或背面脉上有毛，表面鲜绿色，背面黄绿色，叶柄长1～3mm。伞房花序顶生，近球形，直径可达20cm；花梗有柔毛；花极美丽，白色、粉红色或蓝色，全部是不孕花；萼片4，宽卵形或圆形，长1～2cm；花瓣4～5，镊合状排列，分离。蒴果；种子多数，细小。花期6～7月。

产于江苏、安徽、福建、湖北、湖南、云南、贵州等地；生于山区林荫地、疏林内。

本种花色美丽，各地多栽培供观赏；全株入药，有清热抗疟等功效。

果枝

植株

果枝

海桐科
PITTOSPORACEAE

海桐

Pittosporum tobira (Thunb.) Ait.

　　海桐科海桐属小乔木或灌木,高达6m。树冠浓密;新枝被褐色柔毛。叶倒卵形或倒卵状披针形,长4～9cm,宽1.5～4cm,先端圆或微凹,基部窄楔形,边缘反卷,老叶无毛,叶柄长达2cm。花序伞形,密被黄褐色柔毛;花白色,芳香,后变黄色;花萼5;花瓣5,分离或基部靠合。蒴果球形或倒卵状球形,直径1～1.2cm;种子多数,长约4mm,着生于果瓣内壁中部。花期5～6月;果期9～10月。

　　产于长江以南滨海各地,各地多有栽培。喜温暖湿润气候及酸性或中性土壤,耐阴。

　　本种可作为绿篱、庭园观赏树及行道树的下木;散孔材,纹理直,结构细密,可制作器具、桨、橹等。

造型

花枝

行道树景观

金缕梅科
HAMAMELIDACEAE
枫香树
Liquidambar formosana Hance

　　金缕梅科枫香属落叶乔木，高达40 m，胸径达1.4 m；树皮灰色，不规则块状开裂，有树脂。小枝有柔毛。叶宽卵形，掌状3裂，长6～12 cm，三至五出脉，边缘有腺齿，背面有柔毛或变无毛，叶柄长达11 cm；托叶红色，条形，早落。花单性，雌雄同株；雄花排列成柔荑花序，无花被，雄蕊多数；雌花球形，头状，无花瓣，萼齿5，钻形，花柱和萼齿宿存。果序球形，种子多数。花期2～4月；果期10月。

　　产于河南、陕西、甘肃，山东青岛有栽培；生于海拔400～1500 m的山坡及林缘。

　　本种秋叶红色，可栽培供观赏；木材可作为民用建筑、胶合板、包装箱用材；树脂可作为苏合香的代用品；叶可饲蚕；根、叶、果均可入药，有通经活络等功效。

树 形

丛植景观

树 皮

果 枝

植株

花枝

檵木

Loropetalum chinense (R. Br.) Oliv.

金缕梅科檵木属灌木状小乔木，高达 10 m；树皮暗灰色或浅灰褐色，薄片状剥落。多分枝，小枝有锈色星状毛。叶革质，卵形，长 1.5～6 cm，顶端锐尖，基部偏斜而圆，全缘，背面密生星状柔毛。苞片线形，萼筒有星状毛，萼齿卵形；花瓣 4，白色，长 1～2 cm；雄蕊 4，花丝极短，退化雄蕊与雄蕊互生，鳞片状。蒴果褐色，近卵形，有星状毛；种子长卵形。花期 3～4 月；果期 8 月。

产于山东东部及长江以南；生于山坡矮林间。

花繁密如覆雪，可孤植或丛植供观赏；根、叶、花、果可入药，有解热、止血、通经活络等功效；木材坚实耐用；核和叶含鞣质，可提制栲胶。

古 树

花 枝

花 枝

丛植景观

红花檵木（红花桎木）

Loropetalum chinense var. *rubrum* Yieh

　　金缕梅科檵木属常绿灌木或小乔木，高1～2m。小枝被暗红色星状毛，多分枝。单叶，互生，卵状椭圆形，长2～5cm，革质，基部歪斜，叶缘常有小锯齿，嫩叶淡红色。花两性，3～8朵组成头状花序；花瓣4，淡红色或紫红色，带状线形。蒴果木质，褐色，倒卵形，具2枚黑色有光泽的种子。春末夏季和秋季两次开花（花期3～4个月）；种子秋季或冬季成熟。

　　产于长江中下游以南各地；多生于低山丘陵灌丛中。喜酸性土壤，喜光，适应性较强。

　　本种开花繁密，红花细瓣，颇为美丽，适于庭园栽培供观赏；可于草地丛植或与石山相配合，也可植于风景林下。

造 型

植 株

果 枝

叶 枝

山白树

Sinowilsonia henryi Hemsl.

　　金缕梅科山白树属落叶小乔木，高达8m。小枝有星状绒毛；裸芽。叶倒卵形或椭圆形，长10～18cm，顶端锐尖，基部圆形或浅心形，边缘具小锯齿，背面密生柔毛，侧脉7～9对，叶柄长8～15mm，托叶条形。花单性，雌雄同株，无花瓣；雄花排列成柔荑花序；雄蕊5；雌花组成总状花序，长约6cm；萼筒壶形，萼齿5，匙形，有星状毛。果序长达20cm，有灰黄色毛。蒴果卵圆形，有毛，为宿存萼筒包裹，木质，开裂；种子黑色。花期4～5月；果期8～9月。

　　中国特有，产于河南、陕西、甘肃、湖北、四川等地；生于海拔900～1400m的山坡、林缘及道旁。

　　本种为庭园观赏树和行道树种；种子榨油，供制肥皂。

树 形

孤植景观

叶 枝

植 株

小叶蚊母树
Distylium buxifolium (Hance) Merr.

金缕梅科蚊母树属常绿灌木，高达2m。嫩枝细，无毛或稍被柔毛。芽被褐色柔毛。叶厚革质，倒披针形或长圆状倒披针形，长3～6cm，先端尖，基部窄楔形，全缘。穗状花序长1～3cm，花序轴被毛；苞片条状披针形；萼齿披针形。蒴果卵圆形，长7～8mm，被星状绒毛，先端尖。花期4～5月。

产于福建、湖北、湖南、广东、广西、四川等地；生于河边、谷地或丘陵地带。

本种可作为观赏树种，也可成丛、成片栽植作为隔离带或防护林带。

丛植景观

花 枝

蔷薇科 ROSACEAE

绣球绣线菊

Spiraea blumei G. Don

　　蔷薇科绣线菊属落叶灌木，高达 2 m。小枝细，稍弯曲，密布灰色皮孔，无毛。叶菱状卵形或倒卵形，长 2～3.5 cm，近中部以上具少数圆钝锯齿或 3～5 浅裂，叶背面蓝绿色，基部具不明显三出脉或羽状脉。伞形花序，有总花梗，有花 10～25 朵；花白色，花瓣宽倒卵形。果较直立，无毛。花期 4～6 月；果期 8～10 月。

　　产于辽宁、内蒙古、河北、河南、山东、山西、江苏、江西、安徽、浙江、福建；生于海拔 500～2000 m 的山坡、谷地、灌丛。

　　本种为园林观赏树种；若以深绿色树丛作为背景尤为醒目，也可栽植在岩石园、山坡、水边或路旁。

植 株

花枝

果枝

植株

土庄绣线菊（柔毛绣线菊）
Spiraea pubescens Turcz.

　　蔷薇科绣线菊属灌木，高1～2m。小枝开展，稍弯曲，幼枝被柔毛。叶菱状卵形或椭圆形，长2～4.5cm，先端急尖，基部宽楔形，中部以上具粗齿或3裂，表面、背面均被柔毛，叶柄长2～4mm。伞形花序具总梗；花15～20；萼片5，多直立；花瓣5，白色，卵形或倒卵形；雄蕊多数，与花瓣等长；花盘环形。蓇葖果开张，腹缝线被柔毛。花期5～6月；果期7～8月。

　　产于我国东北、华北、陕西、甘肃、宁夏；生于海拔200～2500m的岩石坡地、杂木林内、灌丛及路旁。

　　本种花洁白，叶浓绿，可作为庭园、道旁及林下观赏树种。

果 枝

窄叶火棘

Pyracantha angustifolia
(Franch.) Schneid.

　　蔷薇科火棘属常绿小乔木，高达 4 m。多枝刺，小枝密被灰黄色绒毛。叶窄长圆形或倒披针状长圆形，长 1.5～5 cm，宽 4～8 mm，具短尖或先端微凹，基部楔形，全缘，表面幼时有灰色绒毛，背面有灰白色绒毛，叶柄具绒毛。复伞房花序，总花梗、花梗、萼筒及萼片具灰白色绒毛；萼片 5，三角形；花瓣 5，近圆形；雄蕊多数；子房具白色绒毛。梨果球形，砖红色。花期 5～6月；果期 10～12 月。

　　产于湖北、四川、云南、西藏；生于海拔 1600～3000 m 的山区灌丛中或路旁。

　　本种为园林绿化或绿篱树种；果红色，可用于制作盆景；果含淀粉，可酿酒。

植 株

丛植景观

群植景观

花 枝

甘肃山楂
Crataegus kansuensis Wils.

　　蔷薇科山楂属落叶灌木或小乔木，高达8m。多枝刺，小枝细，无毛。叶片宽卵形，长4～6cm，宽3～4cm，先端急尖，基部楔形，边缘有尖锐重锯齿和5～7对不规则羽状浅裂；叶柄细，无毛。伞房花序，总花梗及花梗均无毛；萼片5，三角状卵形；花瓣5，近圆形，白色；雄蕊15～20；花柱2～3。梨果近球形，红色或橘黄色。花期5月；果期7～9月。

　　产于河北、甘肃、山西、陕西、贵州、四川等地；生于海拔1000～3000m的杂木林、山坡及山沟内。

　　本种枝叶亮丽，果实鲜艳，为园林观赏树种；果可食；果、叶入药，可健脾、助消化，有治冻伤、扩张血管等功效。

天然林景观

果 枝

树 皮

树 形

果枝

果枝

树形

光叶石楠
Photinia glabra (Thunb.)
Maxim.

　　蔷薇科石楠属常绿乔木，高达7m。老枝无毛。幼叶及老叶红色，椭圆形或长圆状倒卵形，长5～9cm，先端渐尖，基部楔形；叶柄长1～1.5cm，无毛。复伞房花序，总梗及花梗无毛；萼片5，无毛；花瓣5，倒卵形，反卷；雄蕊约20；花柱2～3。梨果卵形，红色。花期4～5月；果期9～10月。

　　产于江苏、安徽、浙江、江西、福建、湖北、湖南、四川、贵州、云南、广东、广西；生于海拔500～1500m的山坡、沟谷、路旁及杂木林内。

　　本种宜作为绿篱、庭园观赏树种；木材坚韧，有香气，可制作车轮、车轴、器具、工艺品等；叶药用，可解热、镇痛、利尿；种子可榨油，供制肥皂和润滑油。

果 枝

树 形

树 形

天然林景观

北京花楸 *Sorbus discolor* (Maxim.) Maxim.

蔷薇科花楸属落叶乔木，高达 10 m。小枝紫褐色。奇数羽状复叶，连叶柄长 10～20 cm；小叶 5～7 对，矩圆状披针形，长 3～6 cm，宽 1～2 cm，先端渐尖或急尖，边缘有细锐锯齿，基部全缘，背面被白粉，侧脉 12～20 对。复伞房花序，总花梗和花梗均无毛；萼片 5，三角形；花瓣 5，圆形或卵圆形，白色；雄蕊 15～20；花柱 3～4。梨果卵形，白色或黄色。花期 5 月；果期 8～9 月。

产于北京、河北、山西、内蒙古、山东、河南、甘肃等地；生于海拔 1000～2500 m 的山坡及沟谷杂木林中。本种枝叶秀丽，为园林绿化观赏树种；木材韧性强，可制作农具等把柄。

果 枝

榅桲

Cydonia oblonga Mill.

　　蔷薇科榅桲属落叶灌木或小乔木，高达8 m。小枝紫红色或紫褐色。叶卵形或矩圆形，长 5～10 cm，宽 3～5 cm，先端急尖、突尖或微凹，基部圆形或近心形，全缘，叶脉显著，叶柄被绒毛。花单生于枝顶；萼片 5，卵形或宽披针形，反折；花瓣 5，白色或淡粉红色。梨果梨形，黄色，有香味。花期 4～5月；果期 10 月。

　　原产于中亚细亚。我国北京、河北、陕西、江西、福建、新疆等地有栽培。

　　本种的实生苗可作为苹果及梨的砧木；耐修剪，宜作绿篱；果酸甜，可生食或制作蜜饯，也可入药，主治肠炎；种子入药能止咳。

树 形

树 皮

叶枝

果枝

果枝

树形

天然林景观

山荆子（山丁子）

Malus baccata (L.) Borkh.

蔷薇科苹果属落叶乔木，高达14 m。小枝细长，红褐色，无毛。叶片椭圆形，长3～8 cm，宽2～4 cm，先端渐尖，基部楔形至近圆形，叶缘锯齿细锐；叶柄细，无毛。伞形花序，花4～6，集生在小枝顶端；萼片5，披针形；花瓣5，倒卵形，白色；雄蕊15～20；花柱5或4。梨果近球形，红色或黄色。花期4～6月；果期9～10月。

产于我国东北、华北和西北；生于海拔2000 m以下的山地、杂木林中。喜光、耐寒、耐干旱。

本种树姿美观，为绿化观赏树种；木材坚韧，可作为农具、家具等用材；果实可酿酒；嫩叶可代茶；还可作为苹果的砧木。

湖北海棠（野海棠） *Malus hupehensis* (Pamp.) Rehd.

蔷薇科苹果属落叶乔木，高达8m。小枝被短柔毛，后脱落。叶片卵圆形至椭圆形，长5～10 cm，宽2.5～4 cm，先端渐尖，基部宽楔形，边缘具细锐锯齿；嫩叶紫红色。伞形花序，花4～6，花梗细长；萼片5，与萼筒等长或稍短；花瓣5，倒卵形，粉红色至近白色；雄蕊20；花柱3～4，稍长于雄蕊。果实近球形至椭圆形，黄绿色稍带红晕。花期4～5月；果期8～9月。

产于山西、山东，我国华中、华南地区有分布；生于海拔500～2000 m的山坡丛林中。

本种树姿优美，为园林绿化观赏树种；宜嫁接，可作为苹果的砧木。

果 枝

树 形

丛植景观

花 枝

行道树景观

果枝

新疆野苹果

Malus sieversii (Ledeb.) Roem.

蔷薇科苹果属落叶乔木或灌木，高2～12 m。小枝粗壮。叶片卵形至宽椭圆形，长6～11 cm，宽3～5.5 cm，先端急尖，基部楔形或圆形，边缘有圆钝锯齿，背面有柔毛，叶柄疏生柔毛。花序近伞形，花3～6，花梗较粗，密被灰白色绒毛；萼片5，宽披针形；花瓣5，倒卵形，粉色；雄蕊20；花柱5，基部密被白色绒毛。梨果球形或扁球形，黄绿色，有红晕或红条纹。花期5月；果期8～10月。

产于新疆伊犁和塔城山区，河北、山西、山东、陕西、甘肃有栽培；生于海拔1000～1600 m的山坡。易危VU，被列入《中国物种红色名录》。

本种为庭园观赏树种；也可作为行道树；宜作为苹果的砧木。

树皮

树形

重瓣粉海棠 *Malus spectabilis* 'Riversii'

　　蔷薇科苹果属落叶小乔木，高达 8 m。小枝粗壮，被柔毛，后脱落。叶椭圆形或长椭圆形，长 5～8 cm，先端短渐尖或钝，基部楔形或稍圆，细锯齿贴近叶缘，叶柄长 1.5～2 cm。花序近伞形；花较大，重瓣，粉红色。花期 4～5 月。

　　产于陕西、甘肃、辽宁、河北、河南、山东、江苏、云南等地；生于海拔 2000 m 以下的山区、平原。

　　本种为园林绿化观赏树种；也可作为苹果的砧木。

花 枝

树 形

植 株

果 枝

花 枝

美蔷薇
Rosa bella Rehd. et Wils.

　　蔷薇科蔷薇属落叶灌木，高1～3m。小枝具散生直立皮刺。羽状复叶，小叶7～9，长圆形或卵形，有锐齿，背面沿中脉有柔毛和腺毛，叶柄、叶轴无毛或具稀疏柔毛和腺毛，花单生或2～3朵聚生；萼片5，卵状或披针形，全缘；花瓣5，粉红色，宽倒卵形；花柱离生，密被柔毛。蔷薇果椭圆形或卵球形，深红色，有腺毛。花期5～7月；果期8～10月。

　　产于我国东北、华北、西北等地；生于海拔800～1700m的山坡、河沟、路旁。

　　本种果红色，油瓶状，是较好的观果树种，也可作为绿篱；果实含丰富的维生素，可食用，也可药用。

天然林景观

植 株

果 枝

天然林景观

刺玫蔷薇 *Rosa davurica* Pall.

　　蔷薇科蔷薇属落叶灌木，高达 2 m。小枝基部常有成对皮刺。羽状复叶，小叶 7～9(11)，长圆形或长椭圆形，长 1.5～3 cm，先端急尖或圆钝，基部宽楔形，中部以上具尖锯齿，表面无毛，背面灰绿色，叶柄、叶轴有柔毛和腺毛或具稀疏小皮刺。花单生或 2～3 朵集生，花梗具腺毛；萼片 5，披针形；花瓣 5，粉红色；雄蕊多数；花柱离生。蔷薇果球形或卵形，红色。花期 6～7 月；果期 8～9 月。

　　产于我国东北、华北等地；生于山坡、沟谷、杂木林及灌草丛中。

　　本种为绿篱、庭园观赏树种；花、果、根可入药，有止血、健脾胃、祛痰等功效；树皮、根皮及叶可提制栲胶。

果枝

疏花蔷薇 *Rosa laxa* Retz.

蔷薇科蔷薇属落叶灌木，高1～2m。小枝圆柱形，有浅黄色皮刺。小叶7～9，椭圆形、长圆形或卵形，稀倒卵形，长1.5～4cm，先端急尖或圆钝，基部近圆形或宽楔形，有锯齿，两面无毛或背面有柔毛；托叶大部分贴生于叶柄，卵形，离生部分耳状，边缘有腺齿。花序伞房状，花3～6，有时单生；萼片5，卵状披针形，先端常延长成叶状；花瓣5，白色，倒卵形；花柱离生。蔷薇果长圆形或卵球形，顶端有短颈，红色。花期6～8月；果期8～9月。

产于新疆；生于海拔500～1150m的灌丛中和沟谷旁。

本种为庭园观赏树种；也可作为绿篱。

植株

红花蔷薇 *Rosa moyesii* Hemsl. et Wils.

蔷薇科蔷薇属落叶灌木，高达5m。茎有成对基部肿大的短刺。羽状复叶，小叶7～13，卵形或椭圆形，长1～4cm，先端急尖，基部宽楔形或近圆形，背面中脉处有柔毛或腺毛；叶柄、叶轴具柔毛、刺毛；托叶大部分与叶柄连合。花单生或2～3朵集生；花梗具腺毛；花萼5；花瓣5，深红色。蔷薇果长圆状卵形，深橙红色，具短颈，被腺毛。花期5～6月；果期9月。

产于陕西、甘肃、四川、云南、西藏等地；生于海拔2300～3500m的山区林缘及灌丛中。

本种花、果鲜艳，为园林观赏树种；可作为绿篱。

果枝

植株

叶 枝

宽刺蔷薇
Rosa platyacantha Schrenk

蔷薇科蔷薇属小灌木，高 1～2 m。枝条粗壮，皮刺多，黄色。小叶 5～7(13)，近圆形、倒卵形或长圆形，长 8～15 mm，先端圆钝，基部宽楔形或近圆形，边缘上半部有锯齿 4～6 个，两面无毛或背面沿脉稍有柔毛；托叶大部分贴生于叶柄，仅顶端部分离生，披针形，有腺齿。花单生于叶腋或 2～3 朵集生；萼片 5，披针形；花瓣 5，黄色，倒卵形；花柱离生，比雄蕊短。蔷薇果球形至卵球形，暗红色至紫红色。花期 5～8 月；果期 8～11 月。

产于新疆；生于海拔 1100～1800 m 的林缘及灌丛中、较干旱山坡。

本种秋后复叶变红，为庭园观赏树种；皮刺基部宽大，可作为绿篱。

天然林景观

植 株

天然林景观

缫丝花

Rosa roxburghii Tratt.

　　蔷薇科蔷薇属落叶或半常绿灌木，高1～2.5 m。小枝圆柱形，常有成对皮刺。羽状复叶，小叶9～15，椭圆形或长圆形，长1～2 cm，先端急尖或钝圆，基部宽楔形，边缘有细尖锯齿；叶柄散生小皮刺。花单生或2～3朵生于短枝顶端；萼片5，宽卵形；花瓣5，重瓣至半重瓣，淡红色至粉红色；雄蕊多数；花柱离生，被毛。蔷薇果扁球形，红色或黄色。花期5～7月；果期8～10月。

　　产于湖南、湖北、江苏、江西、浙江、安徽、贵州、云南、广东、西藏、甘肃、四川等地；生于海拔2000 m的山坡灌丛中。

　　本种为观赏树种，也可作为花篱；果富含维生素C、氨基酸等成分，可食用，也可药用；叶泡茶能解毒。

植　株

花　枝

植　株

果　枝

山莓（树莓） *Rubus corchorifolius* L. f.

蔷薇科悬钩子属落叶灌木，高1～3m。小枝红褐色，有柔毛及皮刺。单叶，卵形或卵状披针形，长3.5～9cm，顶端渐尖，基部圆形或略带心形，不分裂或有时3浅裂，边缘有不整齐的重锯齿，两面脉上有柔毛，背面脉上有细钩刺。花单生或几朵集生于短枝顶端；萼片卵状披针形，有柔毛；花瓣白色。聚合果球形，成熟时红色。花期4～6月；果期5～7月。

产于河北、陕西、河南、安徽、江苏、浙江、福建、江西、台湾、湖北、四川、贵州、云南；生于溪边、路旁或向阳山坡的灌丛中。

本种为庭园绿化树种；其果味甜美，富含有机酸，可生食或酿酒；根、叶可入药，有活血散瘀、止血等功效。

植 株

果 枝

花 枝

银露梅 *Potentilla glabra* Lodd.

蔷薇科委陵菜属落叶灌木，高达60cm。幼枝具灰白色柔毛。羽状复叶或小叶集生似掌状，小叶3～5，倒卵形或椭圆形，长2～7mm，先端急尖，基部楔形，全缘，边缘反卷。花单生或伞房状花序；萼片5，卵形或卵状椭圆形；花瓣5，白色。瘦果，被毛。花期6～8月；果期9～10月。

产于河北、山西、陕西、内蒙古、甘肃、青海、四川、云南等地；生于海拔1500m以上的岩石缝中或灌丛中。

本种为庭园观赏树种，也可作为花篱。

植 株

天然林景观

金露梅 *Potentilla fruticosa* L.

蔷薇科委陵菜属落叶灌木，高达 1.5 m。幼枝被丝毛。奇数羽状复叶，小叶 3～7 集生，长椭圆形或长圆状披针形，长 0.6～1.5 cm，先端急尖，基部楔形，全缘，边缘外卷，两面被丝毛。花单生或聚伞花序；花梗具丝毛；萼片 5，三角状卵形；花瓣 5，黄色。瘦果卵圆形，紫褐色，密被长柔毛。花期 6～7 月；果期 8～9 月。

产于我国东北、华北、西北、西南各地；生于海拔 1000 m 以上的山坡、山顶草甸。

本种花金黄色，枝叶秀丽，为庭园观赏树种；叶可代茶，花可入药；叶和果可提制栲胶。

花篱景观

植株

紫叶矮樱

Prunus × *cistena* 'Pissardii'

蔷薇科李属落叶灌木或小乔木，株高 1.8～2.5 m。单叶互生，长卵形或卵状长椭圆形，长 4～8 cm，先端渐尖，基部广楔形，叶缘有不整齐的细钝齿，紫红色或深紫红色，背面紫红色更深。花单生，中等偏小，淡粉红色；花瓣 5，微香；雄蕊多数；单雌蕊。花期 4～5 月。

法国杂交种。我国华北广泛栽培。

本种为观叶树种，亮丽别致，树形紧凑，叶片稠密，整株色感表现良好，可制作中型和微型盆景，点缀居室、客厅，古朴典雅。

叶枝

植株

天然林景观

孤植景观

光核桃

Prunus mira Koehne

　　蔷薇科李属落叶小乔木，高达 4 m。小枝无毛。叶披针形或卵状披针形，长 5～12 cm，先端渐尖，基部宽楔形至圆形，边缘锯齿钝圆，背面中脉两侧具疏柔毛；叶柄顶端有一对腺体。有花 1～2 朵；萼片 5，长圆形，萼筒紫红色，无毛；花瓣 5，白色，有时基部粉红色，倒卵圆形。核果近球形，密生绒毛。花期 4 月；果期 7～9 月。

　　产于四川、云南、西藏；生于海拔 2200～3000 m 的山坡、沟谷及灌丛中。

　　本种果肉厚，味甜，可食用；种仁可入药；还可作为桃的砧木。

叶枝

树形

蒙古扁桃（蒙古杏） *Prunus mongolica* Maxim.

蔷薇科李属落叶灌木，高达2.5m。小枝顶端成长枝刺。叶片宽椭圆形，长5～15mm，宽4～9mm，先端圆钝，基部近楔形，边缘有锯齿，背面中脉明显突出。花单生于短枝上，花梗极短，萼片5，矩圆形；花瓣5，淡红色，倒卵形；雄蕊多数，长短不等；花柱顶生，子房椭圆形。核果，具绒毛，成熟时开裂。花期5月；果期6～8月。

产于内蒙古、宁夏、甘肃西北部；生于海拔1100～2400m的干旱山坡、岩石缝中或河滩地上。

本种可防风固沙，保持水土，为绿化树种；种仁入药，可代郁李仁用。

叶 枝

植 林

菊花桃（复瓣碧桃） *Prunus persica* 'Dianthiflora'

蔷薇科李属落叶灌木或小乔木，高达6m；树皮暗红褐色，皮孔明显。叶卵状披针形或披针形，长6～10cm，宽1.5～3cm。花单生，粉红色，先花后叶；萼片10，两轮排列，长约2cm，宽约0.5cm；花瓣50～85，状如菊花。花期3～4月。

北京、天津、保定、石家庄等地有栽培。

本种花大、重瓣，鲜艳夺目，为庭园观赏树种，最宜群植观花。

花 枝

树 形

树形

花枝

树皮

白花山碧桃
Prunus persica 'Baihuashan Bi'

蔷薇科李属落叶小乔木，高达5m。树冠阔卵形。叶椭圆状披针形，长5～16 cm，先端渐尖，基部宽楔形，边缘具细锯齿。花白色。花期4月。

北京、天津等地有栽培。

本种为重要园林绿化观赏树种，最宜孤植观花。

东北扁核木（辽宁扁核木）　*Prinsepia sinensis* (Oliv.) Oliv. ex Bean

蔷薇科扁核木属落叶灌木，高达3m；树皮灰色。多分枝；小枝灰褐色。叶片披针形或卵状披针形，长3～7 cm，宽1～2 cm，先端急尖或渐尖，全缘或疏生锯齿，两面无毛；叶柄长0.7～1.2 cm；托叶针刺状。花1～4朵簇生于叶腋；萼片5，三角形；花瓣5，黄色倒卵形；雄蕊10～18；子房无毛，花柱侧生。核果近球形，鲜红色或紫红色，有香气，核有皱纹。花期4～5月；果期8～9月。

产于我国东北，河北、北京、天津等地有栽培；生于杂木林、灌木林内。

本种树形美丽，花色艳丽，为庭园观赏树种；木材坚硬，可做工具柄；种仁入药，有清热明目等功效。

植株

果枝

豆科 LEGUMINOSAE

苏木 *Caesalpinia sappan* L.

豆科苏木属常绿小乔木，高达 10 m。枝上皮孔密而显著。二回羽状复叶，羽片 7～14 对，小叶 10～19 对，长圆形或长圆状菱形，长 1～2 cm，先端微缺，基部偏斜，两面微具毛。圆锥花序顶生或腋生；萼筒浅钟形，5 裂；花瓣 5，黄色，宽倒卵形；雄蕊 10，分离；子房被灰色绒毛。荚果长圆状倒卵形，具喙，暗红褐色，被绒毛。花期 5～7 月；果期 9～11 月。

产于云南、四川、广东、广西、海南、台湾等地；生于林下，较耐干旱。

本种材质好，不宜扭裂，边材是制作小提琴琴弓的良材；心材红棕色，可提取珍贵红色染料，根可提取黄色染料；心材药用，可活血、祛痰、止痛；耐干旱，为干旱地区造林树种。

植株

果枝

金凤花 *Caesalpinia pulcherrima* (L.) Sw.

豆科苏木属小乔木或呈灌木状，高达 5 m。小枝无毛，疏被刺。二回羽状复叶，羽片 4～9 对，小叶 5～12 对，长圆形或倒卵形，长 0.6～2 cm，先端微缺，基部偏斜。总状花序近伞房状，顶生或腋生；萼片 5；花瓣 5，橙色或黄色，圆形，有皱纹；雄蕊 10，花丝红色，长 5～6 cm；子房无毛。荚果带状，长 7～10 cm，先端有长喙，黑褐色。全年开花。

云南、广东、广西、海南有栽培。

本种花大型、艳丽，为庭园观赏树种；木材含红色燃料，是重要的染料树种。

丛植景观

植株

花枝

果枝

行道树景观

凤凰木（金凤树）
Delonix regia (Boj.) Raf.

　　豆科凤凰木属落叶乔木，高达20 m；树皮灰褐色，粗糙。小枝微被毛，并有明显皮孔。二回偶数羽状复叶，羽叶10～23对，小叶20～40对；小叶长圆形，长3～8 mm，先端钝圆，基部略偏斜，两面具柔毛。伞房花序，顶生或腋生；萼片5，深裂；花瓣5，鲜红色；雄蕊10，红色；子房近无柄。荚果带形，黑褐色，长25～60 cm。花期5月；果期10月。

　　原产于马达加斯加岛及热带非洲。我国台湾、福建、广东、广西、云南、贵州、海南等地有栽培。

　　本种枝叶浓郁，花大艳丽，为庭园观赏树种；可作为紫胶虫的寄主树；木材可制作家具、板材、火柴杆等。

花枝

果枝

树皮

树形

盾柱木（双翅果）
Peltophorum pterocarpum
(DC.) Backer

豆科双翼豆属落叶乔木，高达25m。小枝有柔毛。二回羽状复叶，长20～30 cm，羽片7～20对，小叶7～18对，长圆状倒卵形，长1.2～1.7 cm，先端圆或稍缺，基部不对称。圆锥花序，顶生或腋生；萼片5；花瓣5，黄色；雄蕊10，分离；子房被毛，具短柄。荚果具翅，长圆形，紫红色，有纵纹。花期9月；果期11月。

原产于越南、泰国、印度尼西亚、马来西亚、菲律宾。我国广东等地有栽培。

本种果紫红色，为庭园观赏树种；可以作为咖啡种植园的遮阴树；树皮可提取黄色染料。

树 形

果 枝

树 皮

果枝

植株

果枝

野皂荚

Gleditsia microphylla Gordon ex Y. T. Lee

豆科皂荚属落叶灌木或小乔木，高达4 m。小枝具短柔毛和枝刺。偶数羽状复叶，小叶 5～10 (13) 对；小叶斜长圆形，长 0.7～2.5 cm，上部小叶明显比下部的小，先端圆钝，基部阔楔形，偏斜，全缘。总状花序，花杂性，近无梗，簇生；萼片 4，长卵形，密生柔毛；花瓣 4，白色；雄蕊 6～8；子房具长柄，无毛。荚果长椭圆形，扁平，红棕色。花期 5～6 月；果期 7～9 月。

产于北京、河北、山西、山东、陕西、河南；生于海拔 130～1300 m 的黄土丘陵、多石山坡及石灰岩山地。

本种可作为绿篱及花篱；木材坚硬、耐腐，可制作家具。

丛植景观

树形

格木（铁木）
Erythrophleum fordii Oliv.

豆科格木属常绿大乔木，高达 25 m，胸径 1 m。小枝密被黄褐色皮孔。二回羽状复叶，羽片 2～3 对，小叶 9～13；小叶卵形或卵状椭圆形，长 3～8(9) cm，先端渐钝尖或短尾尖，基部稍偏斜，宽圆形或楔形，全缘，两面无毛或中脉疏被毛。总状花序，长 13～20 cm；萼钟状，5 齿裂；花瓣 5，白色；雄蕊 10，分离；子房具柄，被毛。荚果长圆形，长 12～18 cm，黑褐色。花期 3～5 月；果期 10～11 月。

产于浙江、福建、台湾、广东、广西、贵州；生于海拔 800 m 以下的低山丘陵疏林地和林缘。

本种为园林观赏树种；木材坚硬，强度大，抗虫，耐用，可作为造船、桥梁、高档家具、地板、雕刻等极好用材。

果枝

树皮

丛植景观

果 枝

植 株

翅荚决明（有荚决明）

Cassia alata L.

　　豆科铁刀木属灌木，高达3m。小枝粗壮，绿色。羽状复叶，叶柄四棱形，具窄翅；小叶6～12对；小叶长圆形或倒卵状长圆形，长7～15cm，先端钝圆，具短尖头，基部斜截形。总状花序单生或分枝；花萼5，深裂；花瓣5，黄色有紫纹；发育雄蕊7。荚果带状，长10～20cm，果瓣纵贯中央，各有一宽翅。花期11月至翌年1月；果期12月至翌年2月。

　　原产于热带美洲。我国云南、广东、海南有栽培。

　　本种为著名药用植物，叶可作为缓泻剂；种子可驱蛔虫，还可作为咖啡的代用品。

双荚决明（腊肠子树）

Cassia bicapsularis L.

豆科铁刀木属灌木，高达3m，多分枝。羽状复叶，小叶3～5对；小叶倒卵形，长2～4cm，先端钝，基部偏斜，侧脉细，明显，背面中脉下部被毛；小叶柄短，最下一对小叶间有一棒状腺体。总状花序生于枝顶叶腋间，常集合成伞房花序；花萼5深裂；花瓣5，黄色；发育雄蕊7。荚果圆柱形，稍弯，长10～17cm。花期10～11月；果期11～12月。

原产于热带美洲。我国广东、广西、海南等地有栽培。

本种为庭园观赏树种；可作为绿篱，又是优良的绿肥树种。

植株

花枝

果枝

腊肠树（牛角树）*Cassia fistula* L.

　　豆科铁刀木属落叶乔木，高达22 m；树皮灰白色，平滑。小枝细。羽状复叶，小叶4～8对；小叶宽卵形或椭圆状卵形，长8～15(20) cm，先端渐钝尖，基部楔形，两面具毛；小叶柄长约1 cm。总状花序腋生，淡黄色；萼5深裂；花瓣5。荚果腊肠状，长30～72 cm，黑褐色。花期5～8月；果期9～10月。

　　原产于印度、缅甸、斯里兰卡。我国福建、台湾、海南、贵州、云南等地有栽培。

　　本种为观赏树种；材质坚重，纹理美，有光泽，可作为桥梁、车辆、农具、支柱等用材；树皮可提取红色染料及提制栲胶；树皮、根、果肉、种子均可入药。

丛植景观

果 枝

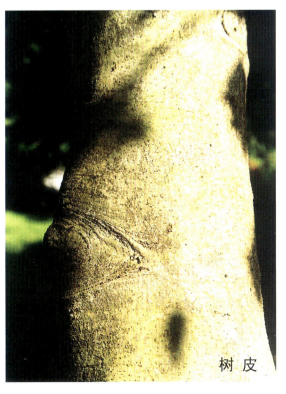

树 皮

树 形

果枝

树皮

节果决明
Cassia nodosa Buch. -Ham. ex Roxb.

豆科铁刀木属乔木。小枝纤细，下垂。偶数羽状复叶，小叶6～13对；小叶长圆状椭圆形，长2～5cm，先端圆钝，两面疏被柔毛，全缘。伞房状总状花序腋生；萼片5，卵形；花瓣5，深黄色，长卵形，具短柄；雄蕊10；子房线形，外被白色柔毛。荚果圆筒形，黑褐色，有明显的环状节。花期5～6月。

原产于夏威夷群岛。我国华南有栽培。

本种为庭园观赏树种；木材坚硬而重，可制作家具。

树形

树　形

黄槐（黄槐决明）
Cassia suffruticosa Koen. ex Roth

豆科铁刀木属小乔木或呈灌木状，高达 10 m；树皮灰褐色，平滑。小枝被毛。羽状复叶，小叶 7 ～ 9 对；小叶椭圆形，长 2 ～ 3.5 cm，先端圆，微凹，基部稍偏斜，背面粉白绿色，疏生柔毛；托叶线形。伞房状花序腋生；花萼 5，深裂；花瓣 5，黄色；发育雄蕊 (7)8 ～ 10；子房密被黄毛。荚果带状，长 7 ～ 11 cm，有长尖喙。全年开花。

原产于印度、斯里兰卡、马来群岛及大洋洲。我国广东、广西、贵州、福建、四川、厦门、海南、台湾等地有栽培。

本种四季开花，美丽诱人，为园林绿化观赏树种；木材坚硬，可制作家具、农具等；叶可入药，为缓泻剂。

花　枝

花果枝

丛植景观

酸豆（酸梅、乌梅）

Tamarindus indica L.

　　豆科酸豆属常绿大乔木，高达25m，胸径约1.2m；树皮幼时灰黄色，老时灰褐色，纵裂。小枝无毛。羽状复叶，小叶7～20对；小叶长圆形，长1～2(3)cm，先端钝圆或微缺，基部稍偏斜，无毛。总状花序顶生；花瓣黄色，有紫红色条纹；发育雄蕊3；子房具柄。荚果长圆柱形。花期5～6月；果期1～3月。

　　原产于非洲中部。我国广东、广西、福建、云南、台湾、海南等地有栽培。

　　本种为园林观赏树种；木材坚重，有光泽，纹理斜，结构细匀，可制作门窗、车辆、家具、房架等；果肉可生食，酸甜味美，可作为调料，也可入药；嫩叶可食。

树形

果枝

树皮

岸边列植景观

叶枝

树形

无忧花（四方木、火焰花）
Saraca dives Pierre

　　豆科无忧花属乔木，高达 20 m，胸径约 80 cm；树皮灰褐色，纵裂。羽状复叶，小叶 4～6 对；小叶长圆形、椭圆状长卵形或椭圆状倒卵形，长 10～30 cm，先端尖或钝，基部楔形或圆楔形，背面无毛。伞房花序；小苞片黄色、橙黄色或绯红色；萼片 4，萼筒圆柱状。荚果带状长圆形，黑褐色，网纹明显。花期 1～5 月；果期 9～10 月。

　　产于云南东南部、广西西南部，台湾台北有栽培；生于海拔 100～1000 m 的山谷、溪边林中。

　　本种为园林观赏树种；木材可作为建筑等用材；树皮、根入药，可治疗风湿、直肠疾病及子宫下垂。

树形

白花羊蹄甲
Bauhinia acuminata L.

豆科羊蹄甲属小乔木，高达4 m。小枝微被毛。叶卵圆形，长7～13 cm，先端2裂至叶片长的1/3，裂片骤尖或稍渐尖，基部心形，基脉9～11，背面被短毛；叶柄长3～4 cm，被毛；托叶披针形，宿存。伞房状总状花序腋生；花瓣5，白色，长圆形；雄蕊10；子房具柄。荚果条状披针形，长8～11 cm，黑褐色。花期4～6月；果期6～8月。

产于广东、广西、云南、海南、台湾等地；生于林缘、沟边、路旁。

本种为园林观赏和行道树种。

花果枝

果枝

丛植景观

果枝

花枝

树皮

羊蹄甲 *Bauhinia purpurea* L.

豆科羊蹄甲属常绿小乔木，高达8m；树皮灰色至褐色，近平滑。叶近心形，长11～14(18) cm。2裂至叶片长的1/3～1/2，先端圆或钝，基部心形或圆形，基脉(7)9～11，背面具柔毛；叶柄长3～5(6)cm。伞房花序分枝成圆锥状，被绢毛；花瓣5，倒披针形，淡红色；发育雄蕊3～4；子房具长柄，被绢毛。荚果长带状，长13～24cm。花期9～11月；果期翌年2～3月。

产于广东、广西、云南、福建，台湾有栽培；生于林缘、沟边、路旁。

本种叶形如羊蹄，花大美丽，观赏树种；木材坚重，可作为家具用材；树皮、嫩叶可入药；花芽可食；树皮含鞣质，可制作染料；根皮有剧毒。

树形

树形

花 枝

树 皮

果 枝

耳叶相思

Acacia auriculaeformis A. Cunn.

　　豆科金合欢属常绿乔木，高达30 m；树皮灰褐色，浅纵裂。小枝绿色，具棱，无刺。幼苗具羽状复叶，后小叶退化，叶柄变为叶状，披针形，长10～15 cm，具平行脉3～7；柄长4～5 mm，近顶端具一腺体。穗状花序1～3腋生；花黄色；花萼5浅裂；花瓣匙形。荚果扁平，旋卷。花期8～10月；果期翌年3～4月。

　　原产于巴布亚新几内亚、澳大利亚北海岸及托雷斯海岸附近岛屿。我国广东、浙江、海南有栽培。

　　本种花芳香，为优良蜜源树种；也是很好的行道树；木材结构细密，强度较大，宜加工，可制作家具、农具和供建筑用。

树形

花枝

树皮

绿荆树（绿荆、澳洲细叶金合欢）　*Acacia decurrens* Willd.

　　豆科金合欢属常绿乔木，高达 20 m；树皮灰色有黄斑，平滑，分泌树胶。小枝具棱。二回羽状复叶，羽片 (5)8～15 对，小叶 30～40 对；小叶窄条形，长 0.4～1.2 cm；叶柄具一腺体。头状花序具花 20～30 朵，组成圆锥状复伞花序；花淡黄白色。荚果紫红色，长 7.5～11 cm。花期 1～4 月；果期 5 月。

　　原产于澳大利亚。我国广东、广西、云南有栽培。

　　本种为行道树和园林绿化观赏树种；树皮厚，含鞣质高达 32%，是优良的鞣料树种。

花果枝

花枝

金合欢
Acacia farnesiana (L.) Willd.

　　豆科金合欢属落叶小乔木，高达9m，常呈灌木状；树皮青灰色，粗糙。小枝呈"之"字形。二回羽状复叶，羽片4～8对，小叶轴被柔毛；小叶10～30(40)对；小叶条状长圆形，无毛。头状花序1～3簇生于叶腋；花橙黄色，有香味。荚果近圆柱形，暗褐色，无毛，密生斜纹。花期3～6月；果期7～11月。

　　原产于热带美洲。我国台湾、福建、海南、广东、广西、云南、四川有栽培。

　　本种材质好，可制作高档家具；树胶可代替阿拉伯树胶；果、茎皮、根皮可提制栲胶；花可提取香精。

丛植景观

树形

树 皮

马占相思

Acacia mangium Willd.

　　豆科金合欢属常绿乔木，高达 20 m。小枝绿色，具棱，无刺。幼苗羽状复叶，后小叶退化，叶柄呈叶状，披针形，革质，长 10 ～ 15 cm，宽 1.5 ～ 4 cm，具平行脉。穗状花序；花黄色。荚果扁平。花期 8 ～ 10 月；果期翌年 3 ～ 4 月。

　　原产于澳大利亚。我国海南、广东、广西、云南等地有栽培。

　　本种为园林观赏、速生用材树种，广泛用于制作家具、造纸、地板等装饰材料。

叶 枝

树 形

黑荆树（澳洲金合欢）
Acacia mearnsii De Wilde

　　豆科金合欢属常绿乔木，高达 18 m。小枝具棱，被柔毛。二回羽状复叶，羽片 8～20 对，小叶 30～60 对；小叶条形，长 1.5～3(4) mm，表面暗绿色，背面被毛；叶柄具 1 腺体。头状花序具花 20～36 朵，组成腋生复总状花序；花淡黄色。荚果长带状，长 3.5～11 cm，暗褐色，密被绒毛。花期 11 月至翌年 6 月；果期 5～10 月。

　　原产于澳大利亚热带、亚热带山地。我国广东、广西、云南、福建、台湾、江西、四川、浙江有栽培。

　　本种花期长，树姿优美，为观赏树种；也是鞣料树种，木材材质坚硬，可作为车船、枕木、家具、建筑等用材；树脂可代替阿拉伯胶。

树 形

叶 枝

树 皮

花 枝

叶 枝

树 皮

果 枝

树 形

行道树景观

台湾相思 *Acacia confusa* Merr.

　　豆科金合欢属常绿乔木，高达 16 m；树皮灰褐色，不裂。小枝无刺。幼苗具羽状复叶，后小叶退化，叶柄变为叶状、镰状披针形，长 6～11 cm，具 3～7 平行脉。头状花序 1～3 腋生；花瓣淡绿色；雄蕊金黄色。荚果扁平，带状，长 4～11 cm。花期 4～6 月；果期 8～9 月。

　　产于台湾南部，福建、广东、广西、云南、四川、浙江等地有栽培。

　　本种为绿化树种；木材纹理交错，结构细匀，耐腐，有弹性，可作为造船、桨橹、车辆、工具、家具等用材；树皮可提制栲胶；种子可作为胶黏剂的原料。

植株

含羞树
Mimosa arborca Linn.

豆科含羞草属常绿灌木或小乔木，高4～5m。枝叶广展，枝干多刺。二回羽状复叶，富于敏感性，触之即下垂，小叶闭合，不久可恢复原状。花小，淡粉红色，花序排列紧密。春夏季鲜花满枝，随后是荚果累累，荚果密被刺毛。花、果期3～12月。

产于云南西、南部；生于林下或林缘。

本种叶富于敏感性，是一种颇具特殊观赏价值的园林观赏树种。

果枝

叶枝

叶 枝

树 皮

孤植景观

雨树 *Samanea saman* (Jacq.) Merr.

豆科雨树属落叶乔木，高 10～25 m。主干短，分枝甚低；小枝被黄色短绒毛。二回偶数羽状复叶，羽片 3～6 对，总叶柄长 15～40 cm，羽片和叶片间常有腺体；小叶 3～8 对，由上往下逐渐变小，斜长圆形，长 2～4 cm，表面光亮，背面被短柔毛。花玫瑰红色，组成单生或簇生的头状花序，腋生；总花梗长 5～9 cm；花冠漏斗状，雄蕊 20。荚果长圆形，通常扁压，边缘增厚，在黑色缝线上有淡色条纹，果瓣厚，成熟时近木质，黑色。花期 8～9 月。

原产于中美洲。我国台湾、云南、海南有栽培。

本种枝叶繁茂，为园林绿化树种；果味甜多汁，可做饲料；材质坚硬，可制作车轮；果肉含糖分，可制酒精。

树 形

树 形

果 枝

树 皮

青皮象耳豆
Enterolobium contortisiliquum
(Vell.) Morong

　　豆科象耳豆属落叶大乔木,高20 m,胸径1 m以上;幼树皮灰白色,老时青灰色,较光滑。小枝绿色,皮孔明显。二回偶数羽状复叶,羽片3～7(9)对,小叶5～20对;小叶镰刀形,长0.8～2 cm,先端渐尖,背面粉绿色。花序具花8～15朵,花淡绿白色。果弯曲成耳状,长6～7 cm。花期4月;果期9～10月。

　　原产于南美洲阿根廷北部、巴拉圭及巴西南部。我国广东、广西、福建、江西、浙江等地有栽培。

　　本种为园林和行道树树种;幼树可作为造纸原料;木材材质硬,耐腐抗虫,可作为船艇、建筑等用材;树皮可提制栲胶及洗涤剂原料;嫩果可作为牲畜饲料,熟果可作为肥皂的代用品。

孤植景观

树 皮

果 枝

楹树
Albizia chinensis (Osb.) Merr.

　　豆科合欢属落叶乔木，高达 30 m，胸径约 80 cm；树皮暗灰色，平滑。枝被灰黄色柔毛。二回偶数羽状复叶，羽片 6～18 对，小叶 20～40 对；小叶狭矩圆形，长 6～8 mm，先端急尖，基部偏近截形，背面粉绿色而疏生毛；托叶膜质，半心形，长达 2.5 cm，早落。头状花序 3～6 个，顶生或腋生，呈圆锥状排列，总花梗密生绒毛；花黄白色或绿白色，先叶开放。荚果条形，扁平，长 7～15 cm，宽约 2 cm；嫩荚疏生毛，后无毛。花期 3～5 月；果期 6～8 月。

　　产于福建、湖南、广东、广西、云南、西藏；生于山坡疏林中及路旁。

　　本种树冠宽阔，是良好的庭荫树和行道树；树皮含单宁；木材可作为家具及箱板用材。

树 形

孤植景观

行道树景观

花 枝

植 株

孤植景观

丛植景观

朱缨花
（美洲合欢、红合欢）
Calliandra haematocephala
Hassk.

豆科朱缨花属常绿灌木至小乔木，高1～3m。枝条扩展，小枝灰棕色，粗糙，皮孔细密。二回偶数羽状复叶，羽片1对，小叶6～9对，总叶柄长1～2.5cm；托叶刺状，宿存；小叶斜披针形，长2～4cm，先端钝，具小尖头，基部偏斜，中脉略偏上缘。头状花序腋生，直径约3cm，有花25～40朵；花萼钟状，长约2mm，绿色；花冠淡紫色，具5裂片，反折；雄蕊多数，红色。荚果线状披针形，长6～11cm，暗棕色，开裂；种子棕色。花期8～9月；果期10～11月。

原产于巴西。我国福建、广东、台湾有栽培。

本种树姿优美，为庭园观赏树种，也适于制作大型盆栽；可作为紫胶虫的寄主树。

叶 枝

花榈木（花梨木）

Ormosia henryi Prain

　　豆科红豆树属常绿乔木，高达 13 m。幼枝密生灰黄色绒毛。奇数羽状复叶，小叶 5～9；小叶椭圆状倒披针形或矩圆形，长 6～10 cm，先端骤急尖，基部近圆形或阔楔形，背面密生灰黄色绒毛。圆锥花序顶生或腋生，总花梗、花序轴、花梗都有黄色绒毛；花黄白色；花萼钟状，密生黄色绒毛，萼裂片与筒部近等长；花瓣长约 2 cm。荚果扁平，长 7～11 cm；种子红色。花期 6～7 月；果期 10～11 月。

　　产于安徽、浙江、福建、江西、湖北、湖南、广东、四川、贵州、云南；生于海拔 600～1200 m 的山谷、山坡和溪边杂木林内。

　　本种为庭园观赏树种；木材材质优良，可制作高档家具；根、枝、叶入药，有解毒祛瘀等功效。

果 枝

树 形

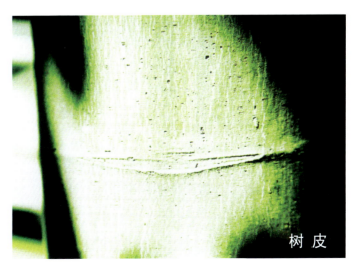

树 皮

果 枝

行道树景观

树 形

红豆树

Ormosia hosiei Hemsl. et Wils.

　　豆科红豆树属常绿乔木，高达 30 m，胸径 1 m 以上；树皮暗灰褐色。小枝绿色，裸芽。奇数羽状复叶，小叶 7～9；小叶近革质，椭圆状卵形、长圆形或长椭圆形，长 5～12 cm，先端急尖，基部宽楔形或圆钝，背面黄绿色。圆锥花序顶生或腋生，花序轴被毛；花两性，花萼钟状，密生黄棕色短柔毛；花冠白色或淡红色，微有香气。荚果扁平，近圆形；种子鲜红色。花期 4 月；果期 10～11 月。

　　产于陕西、江苏、湖北、广西、四川；生于海拔 200～900(1350) m 的低山丘陵。国家三级保护渐危种。易危 VU，被列入《中国物种红色名录》。

　　本种树冠浓荫覆地，是优良的庭园观赏树种；木材坚实，有光泽，切面光滑，花纹别致，可制作高档家具和供工艺雕刻、特种装饰、镶嵌用。

果 枝

树 皮

叶　枝

果　枝

海南红豆 *Ormosia pinnata* (Lour.) Merr.

豆科红豆树属常绿乔木，高达 25 m。奇数羽状复叶，小叶 7～9，薄革质，披针形，长 2～15 cm，亮绿色。圆锥花序顶生；花两性；花萼钟状，5 裂；花冠黄白色或略带粉色，花瓣 5，有爪。荚果微念珠状，成熟时黄色；种子椭圆形，种皮红色。花期 7～8 月；果期 11～12 月。

产于广东西南部、海南、广西南部和香港；生于海拔 800 m 以下的山谷、溪边及山腹林中。

本种枝繁叶茂，树姿高雅，常栽培作为行道树和观赏树种；种子粒圆质硬、色泽鲜红，除直接装盒销售外，还被串成项链、手链等首饰。

树　形

海红豆 *Adenanthera pavonina* L.

豆科海红豆属落叶乔木，高达 30 m；树皮老时灰黄褐色，鳞片状开裂。小枝被微柔毛。二回羽状复叶，羽片 3～6 对，小叶 4～7(9) 对，长圆形或卵形，长 2.5～3.5 cm，先端圆钝，两面均被微柔毛，具短柄。总状花序单生于叶腋或在枝顶排成圆锥花序；花小，白色或黄色，有香味；花萼钟状，具 5 短齿；花瓣 5，披针形；雄蕊 10，与花冠等长或稍长。荚果狭长圆形，盘旋。花期 4～7 月；果期 7～10 月。

产于云南、贵州、广东、广西、福建、台湾；多生于山沟、溪边、林中。

本种为园林观赏和行道树种；木材坚硬、耐腐，可作为船舶、建筑、支柱等用材；种子鲜红亮丽，可作为装饰品。

果　枝

树　形

植 株

大猪屎豆

Crotalaria assamica Benth.

豆科猪屎豆属亚灌木，高达 1.5 m。茎枝粗壮，圆柱形，被锈色柔毛。单叶，叶片质薄，倒披针形或长椭圆形，长 5～15 cm，先端钝圆，具细小短尖，基部楔形，表面无毛，背面被锈色短柔毛；叶柄长 2～3 mm。总状花序顶生或腋生，有花 20～30 朵；萼片披针形，被短柔毛；花冠黄色，二唇形，旗瓣圆形或椭圆形，翼瓣长圆形，龙骨瓣弯曲。荚果长圆形，长 4～6 cm。花、果期 5～12 月。

产于台湾、广东、海南、广西、贵州、云南；生于海拔 50～3000 m 的山坡路边及山谷草丛中。

本种可药用，有消肿止痛等功效，可治风湿麻痹、关节肿痛等，近年来用于抗肿瘤治疗；也可作为绿肥。

果 枝

丛植景观

花 枝

孤植景观

树皮

果枝

树形

紫檀（印度紫檀、青龙木）
Pterocarpus indicus Willd.

　　豆科紫檀属落叶乔木，高达30 m，胸径达1.5 m；树皮灰色。奇数羽状复叶，小叶7～9；小叶矩圆形，长6.5～11 cm，先端渐尖，基部圆形，无毛；托叶早落。圆锥花序顶生或腋生，花梗及花序轴有黄色短柔毛；小苞片早落；花萼钟状，微弯；萼齿5，宽三角形，有黄色疏柔毛；花冠黄色，花瓣边缘皱折，具长爪。荚果圆形，偏斜，扁平，具宽翅，翅宽可达2 cm；种子红色。花期4～5月；果期8～9月。

　　原产于印度、印度尼西亚、菲律宾。我国台湾、福建、广东、广西、云南等地有栽培。

　　本种心材红棕色，可作为制车轮、乐器、优质家具等用材；树脂、木材可药用。

树形

黄檀（白檀、不知春）
Dalbergia hupeana Hance

豆科黄檀属落叶乔木，高达20 m；树皮灰色，条状纵裂。小枝无毛。奇数羽状复叶，小叶9～11，宽椭圆形或矩圆形，长3～5.5 cm，先端钝，微缺，基部圆形；叶轴及小叶柄有白色柔毛；托叶早落。圆锥花序顶生或生于上部叶腋间，花梗有锈色柔毛；花萼钟状，萼齿5，有锈色柔毛；花冠淡紫色或黄白色。荚果矩圆形，扁平，长3～7 cm；种子红色。花期5～6月；果期9～10月。

产于河南、山西、安徽、江苏、浙江、广东、广西、贵州、四川；生于多石山坡灌丛中。喜光，耐干旱、瘠薄。

本种树姿古朴可爱，在园林中可作为庭园观赏树、行道树；亦为荒山造林的先锋树种；木材坚韧致密，可制作各种负重力及拉力强的用具及器材。

叶枝

树皮

果枝

固沙林景观

植 株

果 枝

植 株

盐豆木（铃铛刺、耐碱刺）
Halimodendron halodendron
(Pall.) Voss.

　　豆科盐豆木属灌木，高 0.5～2 m。偶数羽状复叶，叶轴顶端硬化成刺状小叶 2～6；小叶倒披针形，长 1.5～2.5 cm，先端圆或微凹，有小刺尖，基部楔形，两面密生银白色平伏柔毛；托叶刚毛状或针刺状，宿存。总状花序有花 3～5；花萼钟状，密生短柔毛；花冠淡紫色，稀白色。荚果椭圆形，长 1.5～2.5 cm，膨胀，两侧缝线下陷，先端有短尖；种子多数。花期 5～6 月；果期 7～8 月。

　　产于内蒙古、新疆；西北其他地区有栽培。生于干旱沙地和盐渍土上。

　　本种花色艳丽，为观赏树种；亦可作为绿篱栽培；为优良防风固沙、改良盐碱地、保持水土树种。

树 形

花 枝

大花田菁（木田菁）

Sesbania grandiflora (L.) Pers.

　　豆科田菁属落叶乔木，高达 10 m。偶数羽状复叶，长 20～40 cm，小叶 16～60；小叶长椭圆形，长 2～5 cm，先端钝，有小突尖，基部近圆形或宽楔形，无毛；托叶极小，有微毛。花大，2～4 朵排成总状花序，长 4～7 cm；花萼绿色，钟状，先端呈浅二唇形；花冠白色或粉红色，有时玫瑰红色。荚果条形，长 22～60 cm，下垂，开裂；种子多数。花期 8～9 月。

　　原产于印度、马来西亚、澳大利亚。我国云南、广东、海南、台湾有栽培。

　　本种金秋始花，花大，美丽，为庭园观赏树种，也可盆栽供观赏；树液含单宁及阿拉伯胶；树皮入药为收敛剂；内皮为良好的纤维原料；叶、花和嫩荚可食；木材可烧炭，为火药原料。

固沙林景观

果 枝

植 株

边塞锦鸡儿

Caragana bongardiana (Fisch. et Mey.) Pojark.

　　豆科锦鸡儿属灌木，高 0.5～1.5 m；树皮淡褐色，不规则纵裂。小枝粗壮，具棱，被柔毛。羽状复叶，小叶 2～3 对；小叶狭倒卵形或线状倒卵形，长 7～15 mm，各对近相等，先端锐尖或稍钝，有刺尖，基部楔形，两面被伏贴柔毛；托叶狭披针形，有硬化短针刺，宿存；叶轴全部硬化，宿存，被短柔毛。花单生，花梗长 2～5 mm，关节在基部，密被绒毛；花萼管状，萼齿狭三角形，被绒毛；花冠黄色，旗瓣宽倒卵形，翼瓣线形，耳长约为瓣柄的 1/2，龙骨瓣先端尖，耳不明显。荚果筒状，长 2.5～3 cm，密被绒毛。花期 5～6 月；果期 6～7 月。

　　产于新疆；生于石质山坡、台地。

　　本种为保持水土、防风固沙树种。

川西锦鸡儿　*Caragana erinacea* Kom.

豆科锦鸡儿属灌木，高 0.3～0.6 m。老枝绿褐色，具黑色条棱。羽状复叶，小叶 2～4 对；小叶倒卵状披针形或长圆形，长 0.3～1 cm，先端锐尖，基部渐狭，表面无毛，背面疏被短柔毛；托叶披针状三角形，边缘撕裂状；叶轴硬化成针刺状。花单生或簇生，花梗极短，基部有关节；花萼筒状，萼齿急尖，基部偏斜，密生短柔毛；花冠黄色，旗瓣长椭圆状倒卵形，翼瓣长椭圆形，耳小，近圆形，内弯。荚果筒状，长 1.5～2 cm，有毛。花期 5～6 月；果期 8～9 月。

产于甘肃南部、青海东部、四川西部、西藏、云南；生于海拔 2700～3000 m 的山坡草地、林缘、灌丛、河岸、沙丘。

本种为保持水土、防风固沙树种。

植　株

果　枝

中间锦鸡儿　*Caragana intermedia* Kuang et H. C. Fu

豆科锦鸡儿属灌木或小乔木，高 1～4 m。老枝金黄色，嫩枝被白色柔毛。羽状复叶，小叶 6～8 对，披针形或狭长圆形，长 0.3～1 cm，先端锐尖或稍钝，有刺尖，基部宽楔形，两面密被白色伏贴柔毛；托叶硬化成针刺，宿存。花单生，花梗长 0.6～1.5 cm。密被柔毛，中上部有关节；花萼管状钟形，长 8～9 mm，密被伏贴短柔毛；萼齿三角形或披针状三角形；花冠浅黄色，长 2～2.3 cm，旗瓣卵形或近圆形，龙骨瓣片基部截形。荚果扁，披针形，长 2～2.5 cm。花期 5 月；果期 6 月。

产于内蒙古、宁夏、甘肃、陕西北部；生于半固定或固定沙地。
本种为优良固沙和水土保持树种。

植　株

果　枝

固沙林景观

天然林景观

花枝

植株

鬼箭锦鸡儿（鬼见愁、浪麻）
Caragana jubata (Pall.) Poir.

豆科锦鸡儿属灌木，高1～3m，基部多分枝；树皮深褐色、绿灰色或灰褐色。羽状复叶，小叶4～6对；小叶长圆形，长1.1～1.5cm，先端圆或急尖，有针状尖，基部圆形，两面疏生长柔毛；托叶先端刚毛状；叶轴呈针刺状，宿存。花梗极短，基部有关节；花萼钟状管形，萼齿披针形；花冠玫瑰色、淡紫色、粉红色或近白色。荚果长椭圆形，密被丝状长柔毛。花期6～7月；果期8～9月。

产于新疆、内蒙古、甘肃、宁夏、四川、云南、青海；生于海拔2400～3000m的山坡、林缘。

花色艳丽，在园林中可配置于岩石园中或作为绿篱，也可作为盆景观赏；茎皮纤维可制作麻绳和麻袋。

丛植景观

刺桐

Erythrina orientalis (L.) Murr.

　　豆科刺桐属落叶大乔木，高达 20 m；树皮有圆锥状皮刺。三出羽状复叶，长 20～30 cm，全缘；叶柄通常无刺；顶生小叶宽卵形或卵状三角形，先端渐钝尖，基部平截或宽楔形，两面无毛；托叶小，早落。总状花序顶生或腋生，长约 15 cm，总花梗粗壮，木质；花萼佛焰苞状；花冠大红色，花瓣不等大。荚果念珠状；种子暗红色。花期 3 月；果期 9 月。

　　原产于热带非洲。我国广东、海南、广西、台湾、四川、贵州等地有栽培。

　　本种花色艳丽，可作为行道树或庭园观赏树种；木材可制作家具；树皮、叶可入药。

花枝

树形

树皮

花架景观

植 株

果 枝

常春油麻藤（牛麻藤） *Mucuna sempervirens* Hemsl.

豆科油麻藤属藤本，长达 10 m。三出羽状复叶，顶生小叶卵状椭圆形或卵状矩圆形，长 7～12 cm，先端渐尖，基部圆楔形；侧生小叶基部斜形。总状花序生于老茎之上，长 10～35 cm，下垂；花萼宽钟状，萼齿 5；花冠深紫色或白色，雄蕊二体，子房无柄，有锈色长硬毛。荚果木质，条状，长达 60 cm，边缘无翅；种子扁矩圆形，棕色。花期 4～5 月；果期 9～10 月。

产于云南、贵州、湖北、江西、福建、浙江、四川；生于石灰岩山地。

本种植株高大，叶片常绿，而且有老茎开花现象，宜在自然式庭园及森林公园中栽植；茎有活血化瘀、通筋脉等功效；茎皮纤维可制作麻袋及造纸；块根可提取淀粉；种子可食，也可榨油。

植株

花枝

蒙古岩黄芪（山竹岩黄）
Hedysarum mongolicum Turcz.

豆科岩黄芪属亚灌木或小灌木状，高达 1.5 m。茎直立，多分枝。奇数羽状复叶互生，长 7～15 cm，小叶13～21；小叶披针形或椭圆状披针形，长 0.8～2.5 cm，先端钝尖，基部圆楔形，背面有短柔毛，托叶三角形，膜质，早落。总状花序腋生，花萼钟状；花冠红色；雄蕊二体；子房有柔毛。荚果椭圆形，无刺，有横肋纹。花期 5～9月；果期 9～10 月。

产于黑龙江、吉林、辽宁、内蒙古、河北、陕西等地；生于沙坡丘地。

本种在干旱沙荒地区生长较快，为防风树种；枝干为很好的薪炭材，也可用于编织；风干嫩枝含粗蛋白、粗脂肪、粗纤维，可作为饲料；种子含油率20.3%；亦为蜜源树种。

葫芦茶（龙舌黄、百劳舌）　*Tadehagi triquetrum* (L.) Ohashi

豆科葫芦茶属灌木，高 1～2 m。茎直立，分枝。幼枝三棱形，枝上被疏短硬毛。单叶互生，叶片卵状披针形至狭披针形，长 6～10 cm，先端急尖，基部浅心形或圆形，表面无毛，背面中脉和侧脉疏生长毛；叶柄有宽翅；托叶披针形。总状花序腋生或顶生，长 15～30 cm；花萼钟状，萼齿披针形；花冠紫红色，旗瓣近圆形，翼瓣倒卵形，基部具耳，龙骨瓣镰刀形；子房略生短柔毛。荚果条状矩圆形，长 20～30 mm，扁平，密生柔毛，略卷曲。花期 6～10 月；果期 10～12 月。

产于福建、海南、广东、广西、云南、贵州；生于干燥沙地。

本种全株入药，能清热解毒、健脾、消食，有利尿、杀虫等功效。

花枝

植株

树形

叶枝

吐鲁胶树
Myroxylon balsamum (L.) Herms

豆科南美槐属常绿乔木，高约 30 m。奇数羽状复叶，小叶 7～11；小叶长椭圆形，不卷曲，具锐齿。总状花序顶生，花白色。荚果黄色，内含 1 枚种子。

原产于南美洲。我国华南地区有栽培。阳性树种，耐旱，要求年平均温度 20～21℃，绝对最低温度不低于 0℃，年降雨量 1100～2000 mm。

本种树干割伤后渗出的褐色油状树脂是名贵的香料。

树皮

树形

花枝

果枝

树皮

酢浆草科 OXALIDACEAE

阳桃 *Averrhoa carambola* L.

　　酢浆草科阳桃属乔木，高达8 m，胸径约50 cm；树皮浅灰褐色，不规则细纵裂。幼树被柔毛，有小皮孔。奇数羽状复叶，小叶5～11；小叶卵形至椭圆形，长3～6.5 cm，先端渐尖或近尾尖，基部偏斜。花序圆锥状，被柔毛；花小，白色或淡紫色。浆果卵形或矩圆形，表面光滑，具5棱角，淡绿色或黄绿色。花期4～9月；果期7～12月。

　　原产于亚洲东南部。我国云南、广西、广东、福建、台湾广泛栽植；生于富含腐殖质的酸性土壤中，喜高温多湿，怕烈日直晒。

　　本种树姿优美，适于庭园栽植；食用与观赏兼用；果可食，果、根、叶可入药；木材可供家具、农具、雕刻等用。

果 枝

花 枝

植 株

古柯科
ERYTHROXYLACEAE
古柯
Erythroxylum novogranatense (Morris) Hier.

古柯科古柯属常绿灌木，高2～4 m；树皮暗褐色。叶茂密，长椭圆形或披针形，长3～7 cm，边缘光滑，先端急尖或短渐尖，有时钝。花小，黄白或黄绿色。花萼深裂；柱头头状，凹陷，花柱较长而分离。核果较小，果实呈红色，核内含1枚种子。

原产于秘鲁。我国广东、海南、广西、云南等地有栽培。

本种叶含的古柯碱有抑制感觉神经活动的作用，医学上作为局部麻醉剂。叶每年可采摘3～4次。

果 枝

植 株

芸香科 RUTACEAE

竹叶花椒 *Zanthoxylum armatum* DC.

芸香科花椒属灌木或小乔木，高达 5 m。枝有皮刺。奇数羽状复叶，小叶 3～9，叶轴具翅，背面有皮刺，小叶片基部有托叶状小皮刺 1 对；小叶披针形或椭圆状披针形，长 5～9 cm，边缘具细锯齿，有透明腺点。聚伞圆锥花序腋生，花小，单性，黄绿色。菁葖果近球形，红色；种子卵形。花期 4～5 月；果期 8～10 月。

产于秦岭、淮河流域以南、四川、云南、西藏东南部、台湾；生于低山疏林下、灌丛中，西南达海拔 2200 m 的山区。

本种的果实、枝、叶均可提取芳香油；种子含脂肪油；果皮可作为调味原料；果及根、叶入药，有散寒止痛、消肿、杀虫等功效。

黄皮树 *Phellodendron chinense* Schneid.

芸香科黄檗属落叶乔木，高达 12 m；树皮暗灰棕色，浅纵裂，无发达加厚的木栓层，内皮黄色，有黏性。奇数羽状复叶，小叶 7～15；小叶长圆状披针形或长圆状卵形，先端渐尖，基部斜楔形，全缘或浅波状，长 8～15 cm。花单性，雌雄异株，聚伞花序排成顶生圆锥花序，花轴密被短毛；花黄绿色。果轴及果枝粗壮，常密被短毛；核果球形，熟时黑色。花期 5～6 月；果期 10～11 月。

产于陕西、甘肃、湖北、湖南、四川、贵州及云南北部；生于海拔 600～1700 m 的沟边杂木林中。国家二级保护植物。

本种树冠宽阔，秋季叶变黄色，可栽培供观赏；材质优良，可制作家具；树皮内层可入药；果可作为驱虫剂；种子含油率 7.76%，可制作肥皂及润滑油。

行道树景观

树 形

果 枝

果枝

九里香 *Murraya exotica* L.

芸香科九里香属常绿灌木,高3～8 m。奇数羽状复叶,小叶3～7;小叶互生,倒卵形或倒卵状椭圆形,长2～4.5 cm,先端圆钝,全缘。聚伞花序排成伞房状或圆锥状,腋生或顶生;花白色,花瓣上半部反卷,芳香。浆果肉质,红色,内含种子1～2。花期秋季。

产于台湾南部、福建南部、广东南部、广西南部;生于近海沙地灌丛中。喜暖热气候,喜光,较耐阴、耐旱。

本种可植为绿篱或花篱,也可盆栽供观赏;木材材质坚硬细致,可用于雕刻;全株可入药。

花枝

植株

造型

果枝

丛植景观

柚 *Citrus grandis* (L.) Osb.

芸香科柑橘属常绿乔木，高5～10 m。小枝被柔毛，具枝刺。单身复叶，叶宽卵形或椭圆形，长8～14 cm，先端钝尖，基部圆，具钝齿或近全缘；叶柄短，有倒心形宽翅。花单生或簇生于叶腋；花瓣近匙形，白色，反曲；花蕾紫红色。果球形、扁球形或梨形，淡黄色；果皮平滑，中果皮厚，海绵质，不易与果皮分离；种子有纵棱。花期4～5月；果期9～10月。

原产于亚洲南部亚热带及热带地区。我国长江以南各地广泛栽培；生于温暖湿润气候及深厚肥沃的中性或微酸性沙壤土中。

本种为园林观赏树种，也可盆栽供观赏；果可食用；种仁含油率可达60%；根、叶、果皮可入药。

树形

植株

佛手
Citrus medica var. *sarcodactylis* (Noot.) Swingle

　　芸香科柑橘属常绿灌木或小乔木。茎褐绿色。枝广展，有短硬棘刺。叶长椭圆形，革质，深绿色而有光泽，表面呈波浪形；叶柄上没有箭叶。花簇生于叶腋，白色。果实卵形或长圆形，果顶开裂如拳或张开如指；果皮发皱，外形不整齐，成熟时金黄色，有浓郁的香气，老熟后呈古铜色，质坚如木。

　　原产于亚洲西部。我国长江以南各地均有栽培。喜阳光充足、温暖湿润气候，不耐寒，要求疏松肥沃而又排水良好的微酸性土壤。

　　本种叶色青翠，花色洁白，果形奇特，清香四溢，被誉为"果中仙品"，南方广泛栽培供观赏，北方盆栽，在室内越冬；花、果、根均可入药，有宽胸解郁、悦脾舒肝、开胃顺气等功效。

盆栽

叶枝

果枝

树 形　　　　　　　　　　　　　　　　　　　　　果 枝

柑橘 *Citrus reticulata* Blanco

芸香科柑橘属常绿小乔木或灌木。枝柔弱，通常有刺。叶互生，革质，披针形至卵状披针形，全缘或具细钝齿。花黄白色，单生或簇生于叶腋。果扁球形，橙黄色或橙红色，果皮薄，易剥离。

原产地为中国，长江以南各地有广泛栽培。喜温暖、湿润气候，喜向阳肥沃微酸性土壤。

本种枝叶茂密，树姿整齐，春季满树盛开香花，秋冬黄果累累，除专门作为果园树种外，也宜于庭园、绿地及风景区栽植。

甜橙 *Citrus sinensis* (L.) Osb.

芸香科柑橘属常绿小乔木，高达8m。枝刺细或无，小枝有棱无毛。单身复叶，革质，长卵形、卵形或卵状椭圆形，长6～10cm，先端突尖，基部圆，有透明的油点；叶柄短，有倒卵形或倒卵状三角形翅。花单生或簇生于叶腋，白色。果球形、扁圆形，橙黄色；果皮平滑，难剥离；种子有纵棱。花期4～5月；果期10～12月。

原产地为中国，长江以南各地广泛栽培。喜深厚肥沃的中性或微酸性沙壤土。

本种为中国特产珍贵果树，果富含维生素，可食；花、果皮可提取芳香油；果皮可入药；种子含油率较高，可制作肥皂、润滑油。

树 形　　　　　　　　　　　　　　　　　　　　　果 枝

金橘
Fortunella margarita (Lour.) Swingle

芸香科金橘属常绿灌木，高可达3m；通常无刺。单身复叶，长椭圆状披针形或长圆形，长4～8cm，先端钝尖，有时微凹，基部楔形，具波状浅钝齿，密被透明油点；叶柄具狭翅。花1～3朵腋生，白色，花萼5；花瓣5。柑果倒卵形或卵状椭圆形，长约3cm，熟时橙黄色，果皮肉质。花期春末夏初或多次开花，果期秋末冬初或至春节。

江苏南部广泛栽培。北方栽培，温室越冬。

本种四季常绿，春天白花盛开，秋季黄果累累，是优良的庭园观赏树种；盆栽作为室内绿化装饰植物；果实甜而微酸，爽口开胃，是良好的经济树种。

果枝

植株

苦木科 SIMAROUBACEAE
苦树 *Picrasma quassioides* (D. Don) Benn.

苦木科苦树属落叶乔木，高达10m；树皮薄，紫褐色，浅纵裂。小枝有黄色皮孔。裸芽，密被锈褐色毛。奇数羽状复叶互生，小叶9～15；小叶卵状披针形或卵状长圆形，长7～12cm，先端渐尖，基部楔形，有锯齿。聚伞花序腋生，单性异株；花黄绿色，4～5裂。核果椭圆状球形，蓝绿色。花期4～5月；果期6～9月。

产于黄河流域以南至广东北部，西南至四川、云南；生于海拔2400m以下的山区林中。

本种心材黄色，边材黄白色，耐腐，可作为家具、农具、器材、雕刻等用材；树皮及根皮可入药。

树形

叶枝

树皮

花 枝

楝科 MELIACEAE

米仔兰 *Aglaia odorata* Lour.

　　楝科米仔兰属常绿灌木或小乔木。树冠圆球形。顶芽、小枝先端常被褐色星形盾状鳞片。羽状复叶，叶轴有窄翅，小叶3～5，倒卵形至长椭圆形，长2～12 cm，先端钝，基部楔形。圆锥花序腋生，花黄色或淡黄色，花萼5；花瓣5；极香。浆果近球形。花期5～12月；果期7月至翌年3月。

　　产于我国南部、西藏东南部；生于海拔1100 m以下疏林中。

　　本种枝叶繁密常青，花香馥郁，花期特长，为庭园观赏树种；花可提取芳香油或晒干制花茶；木材可作为农具、雕刻、工艺品和家具等用材。

果 枝

植 株

丛植景观

叶 枝

果 枝

树 形

非洲楝
Khaya senegalensis
(Desr.) A. Juss.

楝科非洲楝属常绿乔木，高20～30 m，胸径约2.7 m；树皮灰色，鳞片状剥落。偶数羽状复叶，小叶3～9对；小叶革质，椭圆形，长7～17 cm，先端渐尖或突尖，基部宽斜形，侧脉9～14对。圆锥花序，花4数，花瓣椭圆形或长圆形，黄白色，花盘红色。蒴果木质，球形；种子周围有薄翅。花期4～6月；果期翌年4～6月。

原产于热带非洲和马达加斯加岛。我国台湾南部、福建、海南、广东、广西、云南有栽培。

本种为良好的行道树；木材淡红色，耐腐，为家具、室内装饰、船舱、车厢等用材；叶可作为粗饲料，根皮可入药。

树形

树皮

桃花心木
Swietenia mahagoni (L.) Jacq.

棟科桃花心木属常绿乔木，高达25m，胸径约4m；树皮淡红色，鳞片状剥落。偶数羽状复叶，小叶4～6对，革质，披针形或卵状披针形，长10～23cm，全缘或具1～2浅波状钝齿，侧脉10～13对。圆锥花序顶生或腋生；萼5裂，花瓣5，分离，白色；花丝合生成瓮状的筒。蒴果木质，卵形；种子周围有薄翅。花期在春夏季；果期翌年3～4月。

原产于西印度群岛和南美洲。我国广东、海南、广西、云南南部有栽培。

本种木材淡红色，色泽美丽，坚硬细致，抗虫蚀，易加工，为家具、室内装饰、船舱、车厢等良好用材；种仁含油达60%，可提取工业用油。

小枝

树 形

树 皮

红椿（红楝子）

Toona ciliata Roem.

　　楝科香椿属落叶或半常绿乔木，高达 35 m，胸径约 1.1 m。偶数羽状复叶，小叶 7～14 对；小叶长椭圆状卵形或披针形，长 6～15 cm，先端尾尖或渐尖，全缘或微呈波状，背面脉腋有簇生毛，侧脉 10～18 对。圆锥花序顶生，花芳香，花萼 5 裂；花瓣 5，带白色。蒴果长椭圆形，褐黑色；种子两端有翅。花期 3～4 月；果期 10～11 月。

　　产于广东、广西、贵州、云南等地；生于低山缓坡谷地。

　　本种可作为庭荫树及行道树；树皮可提制栲胶；木材可作为建筑、船板、车辆、雕刻等用材。

果 枝

参 考 文 献

[1] 中国科学院植物研究所. 中国高等植物图鉴：第一册 [M]. 北京：科学出版社，1980.

[2] 中国科学院植物研究所. 中国高等植物图鉴：第二册 [M]. 北京：科学出版社，1980.

[3] 中国科学院中国植物志编辑委员会. 中国植物志：第七卷 [M]. 北京：科学出版社，1978.

[4] 中国科学院中国植物志编辑委员会. 中国植物志：第二十卷第二分册 [M]. 北京：科学出版社，1984.

[5] 中国科学院中国植物志编辑委员会. 中国植物志：第二十一卷 [M]. 北京：科学出版社，1979.

[6] 中国科学院中国植物志编辑委员会. 中国植物志：第二十二卷 [M]. 北京：科学出版社，1998.

[7] 中国科学院中国植物志编辑委员会. 中国植物志：第二十三卷第一分册 [M]. 北京：科学出版社，1998.

[8] 中国科学院中国植物志编辑委员会. 中国植物志：第二十四卷 [M]. 北京：科学出版社，1988.

[9] 中国科学院中国植物志编辑委员会. 中国植物志：第二十五卷第二分册 [M]. 北京：科学出版社，1979.

[10] 中国科学院中国植物志编辑委员会. 中国植物志：第二十六卷 [M]. 北京：科学出版社，1996.

[11] 中国科学院中国植物志编辑委员会. 中国植物志：第二十九卷 [M]. 北京：科学出版社，2001.

[12] 中国科学院中国植物志编辑委员会. 中国植物志：第三十卷第一分册 [M]. 北京：科学出版社，1996.

[13] 中国科学院中国植物志编辑委员会. 中国植物志：第三十一卷 [M]. 北京：科学出版社，1982.

[14] 中国科学院中国植物志编辑委员会. 中国植物志：第三十五卷第二分册 [M]. 北京：科学出版社，1979.

[15] 中国科学院中国植物志编辑委员会. 中国植物志：第三十六卷 [M]. 北京：科学出版社，1974.

[16] 中国科学院中国植物志编辑委员会. 中国植物志：第三十九卷 [M]. 北京：科学出版社，1988.

[17] 中国科学院中国植物志编辑委员会. 中国植物志：第四十卷 [M]. 北京：科学出版社，1994.

[18] 中国科学院中国植物志编辑委员会. 中国植物志：第四十一卷 [M]. 北京：科学出版社，1995.

[19] 中国科学院中国植物志编辑委员会. 中国植物志：第四十二卷第一分册 [M]. 北京：科学出版社，1993.

[20] 中国科学院中国植物志编辑委员会. 中国植物志：第四十三卷第一分册 [M]. 北京：科学出版社，1998.

[21] 郑万钧. 中国树木志：第一卷 [M]. 北京：中国林业出版社，1983.

[22] 郑万钧. 中国树木志：第二卷 [M]. 北京：中国林业出版社，1985.

[23] 郑万钧. 中国树木志：第三卷 [M]. 北京：中国林业出版社，1997.

[24] 华北树木志编写组. 华北树木志 [M]. 北京：中国林业出版社，1984.

[25] 河北植物志编辑委员会. 河北植物志：第一卷 [M]. 石家庄：河北科学技术出版社，1986.

[26] 河北植物志编辑委员会. 河北植物志：第二卷 [M]. 石家庄：河北科学技术出版社，1989.

[27] 孙立元，任宪威. 河北树木志 [M]. 北京：中国林业出版社，1997.

[28] 贺士元，邢其华，尹祖棠. 北京植物志：上册 [M]. 北京：北京出版社，1993.

[29] 陈植. 观赏树木学 [M]. 北京：中国林业出版社，1984.

中文名称索引

拉丁文名称索引